Berichte aus dem
Institut für Umformtechnik
der Universität Stuttgart
Herausgeber:
Prof. em. Dr.-Ing. Dr. h.c. K. Lange

# 110

Bernd Hager

# Ermüdungsverhalten von Fließpreßteilen aus Sintermetall

Mit 70 Abbildungen und 3 Tabellen

Springer-Verlag Berlin Heidelberg GmbH 1990

Dipl.-Ing. Bernd Hager
Institut für Umformtechnik
Universität Stuttgart

Dr.-Ing. Dr. h. c. Kurt Lange
o. Professor em. an der Universität Stuttgart
Institut für Umformtechnik

D 93

ISBN 978-3-540-53585-0 ISBN 978-3-662-07111-3 (eBook)
DOI 10.1007/978-3-662-07111-3



Ursprünglich erschienen bei Springer-Verlag Berlin Heidelberg New York 1990.



Gesamtherstellung: Copydruck GmbH, Heimsheim
2362/3020—543210

## GELEITWORT DES HERAUSGEBERS

Die Umformtechnik zeichnet sich durch sehr gute Werkstoffauswertung und hohe Mengenleistung in der Serienfertigung gegenüber anderen Fertigungsverfahren aus, wobei Beibehaltung der Masse, Änderung der Festigkeitseigenschaften während eines Vorgangs und elastische Rückfederung der Werkstücke nach einem Vorgang wesentliche Merkmale sind. Weiter sind die benötigten Kräfte, Arbeiten und Leistungen sehr viel größer als z.B. bei spanenden Verfahren. Die sichere Beherrschung eines Verfahrens in der industriellen Fertigung und die zunehmende Forderung nach Vermeidung bzw. Minimierung spanender Nacharbeit erzwingen die geschlossene Betrachtung des Systems "Umformende Fertigung" unter zentraler Berücksichtigung plastizitätstheoretischer, werkstoffkundlicher und tribologischer Grundlagen.

Das Institut für Umformtechnik der Universität Stuttgart stellt entsprechend Forschung und Entwicklung zum einen auf die Erarbeitung von Grundlagenwissen in diesen Bereichen ab, zum anderen untersucht und entwickelt es Verfahren unter Anwendung spezieller Meßtechniken mit dem Ziel einer genauen quantitativen Ermittlung des Einflusses der Parameter von Vorgang, Werkstoff, Werkzeug und Maschine. Die Behandlung von Problemen des Maschinenverhaltens, der Maschinenkonstruktion sowie der Werkzeugauslegung und -beanspruchung, der Auswahl hochbeanspruchbarer, verschleißfester Werkzeugbaustoffe und schließlich der Tribologie gehört entsprechend ebenfalls zum Arbeitsgebiet, das durch die Erfassung organisatorischer und betriebswirtschaftlicher Fragen abgerundet wird.

Im Rahmen der "Berichte aus dem Institut für Umformtechnik" erscheinen in zwangloser Folge jährlich mehrere Bände, in denen über einzelne Themen ausführlich berichtet wird. Dabei handelt es sich vornehmlich um Abschlußberichte von Forschungsvorhaben, Dissertationen, aber gelegentlich auch um andere Texte. Diese Berichte sollen den in der Praxis stehenden Ingenieuren und Wissenschaftlern zur Weiterbildung dienen und eine Hilfe bei der Lösung umformtechnischer Aufgaben sein. Für die Studierenden bieten sie die Möglichkeit zur Vertiefung der Kenntnisse. Die seit zwei Jahrzehnten bewährte freundschaftliche Zusammenarbeit mit dem Springer-Verlag sehe ich als beste Voraussetzung für das Gelingen dieses Vorhabens an.

Kurt Lange

## VORWORT

Die vorliegende Arbeit entstand während meiner Tätigkeit als wissenschaftlicher Mitarbeiter am Institut für Umformtechnik der Universität Stuttgart.

Mein Dank gilt Herrn Prof. em. Dr.-Ing. Dr. h. c. Kurt Lange für das mir entgegengebrachte Vertrauen und die wohlwollende Unterstützung bei der Durchführung dieser Arbeit.

Herrn Prof. Dr. rer. nat. Otmar Vöhringer danke ich für die Übernahme des Korreferates sowie für die wertvollen Hinweise und Anregungen bei der Durchführung der Untersuchungen.

Herrn Dr.-Ing. habil. Klaus Pöhlandt sei für die Betreuung und die kritische Durchsicht der Arbeit gedankt.

Zu danken habe ich auch dem Pulvermetallurgischen Labor des MPI Stuttgart, dem Institut für Werkstofftechnik der Universität GH Kassel sowie Herrn Dipl.-phys. K. Hummert von der Firma Sintermetallwerk Krebsöge GmbH., Radevormwald, für die freundliche Unterstützung bei der Durchführung dieser Arbeit.

Ferner danke ich allen Mitarbeiterinnen und Mitarbeitern - insbesondere aus der Metallographie, der Versuchs- und Meßtechnik sowie der Werkstatt - des Instituts für Umformtechnik, die zum Gelingen dieser Arbeit beigetragen haben.

Der Stiftung Volkswagenwerk bin ich für die Bereitstellung finanzieller Mittel zur Durchführung der Untersuchungen zu Dank verpflichtet.

Hemhofen, Juni 1990 Bernd Hager

**INHALTSVERZEICHNIS** Seite

## Verzeichnis der wichtigsten Symbole

Allgemeine Zeichen

| | | |
|---|---|---|
| $A$ | $mm^2$ | Querschnittsfläche |
| $A_5$ | % | Bruchdehnung |
| $d$ | mm | Durchmesser |
| $E$ | $N/mm^2$ | Elastizitätsmodul |
| $f$ | Hz | Frequenz |
| $F$ | N | Kraft |
| $F_a$ | N | Kraftamplitude |
| $h$ | mm | Höhe |
| $k_f$ | $N/mm^2$ | Fließspannung |
| $L$ | mm | Länge |
| $N$ | - | Schwingspielzahl |
| $N_B$ | - | Bruchschwingspielzahl |
| $P$ | % | Porosität |
| $r$ | mm | Radius |
| $R$ | - | Spannungsverhältnis $\sigma_u/\sigma_o$ |
| $R_a$ | m | Mittenrauhwert |
| $R_K$ | m | Kernrauhtiefe |
| $R_m$ | $N/mm^2$ | Zugfestigkeit |
| $R_{p0,2}$ | $N/mm^2$ | 0,2-Dehngrenze |
| $R_{pK}$ | m | reduzierte Spitzenhöhe |
| $R_{zDIN}$ | m | gemittelte Rauhtiefe |
| $T$ | °C | Temperatur |
| $T_R$ | °C | Rohteiltemperatur |
| $Z$ | % | Brucheinschnürung |

| | | |
|---|---|---|
| $2\alpha$ | grd | Schulteröffnungswinkel |
| $\alpha_k$ | - | Formzahl |
| $\varepsilon_{ar}$ | % | plastische Dehnungsamplitude |
| $\varepsilon_{at}$ | % | Totaldehnungsamplitude |
| $\varepsilon_m$ | % | Mitteldehnung |
| $\varepsilon_t$ | % | Gesamtdehnung |

| | | |
|---|---|---|
| $\rho$ | g/cm$^3$ | Dichte |
| $\rho_{rel}$ | - | relative Dichte |
| $\sigma$ | N/mm$^2$ | Spannung |
| $\sigma_a$ | N/mm$^2$ | Spannungsamplitude |
| $\sigma_m$ | N/mm$^2$ | Mittelspannung |
| $\sigma_o$ | N/mm$^2$ | Oberspannung |
| $\sigma_u$ | N/mm$^2$ | Unterspannung |
| $\varphi$ | - | Umformgrad |
| $\varphi_2$ | - | Stauchgrad |

Abkürzungen

| | |
|---|---|
| CIP | Cold Isostatic Pressing |
| DMS | Dehnungsmeßstreifen |
| HB | Brinellhärte |
| HIP | Hot Isostatic Pressing |
| PM | Pulvermetallurgisch |
| REM | Rasterelektronenmikroskop |
| RT | Raumtemperatur |
| SM | Schmelzmetallurgisch |
| VVFP | Voll-Vorwärts-Fließpressen |
| WVK | Wechselverformungskurven |
| ZSD | Zyklische Spannungs-Dehnungs-Kurven |

Indices

| | |
|---|---|
| 0 | Ausgangs... |
| 1 | End... |
| v | Vergleichs... |

## ZUSAMMENFASSUNG

Es wird über das Ermüdungsverhalten fließgepreßter Sintermetalle auf Fe-Basis berichtet. Die vorliegende Arbeit ist als ein Beitrag zur Erweiterung des bislang unzureichenden Kenntnisstandes auf diesem Gebiet zu verstehen.

Die Ermüdungsuntersuchungen werden an unlegiertem Sintereisen sowie zwei unterschiedlich legierten Sinterstählen durchgeführt. Pulvermetallurgisch hergestellte Vorformen werden durch Voll- Vorwärts- Fließpressen bei Raumtemperatur bzw. im Temperaturbereich der Halbwarmumformung konventioneller Stähle umgeformt. Bei konstantem Matrizenschulteröffnungswinkel und definiertem Durchmesser der Fließpreßteile wird durch Veränderung der Rohteilgeometrie der Umformgrad variiert. Aus den fließgepreßten Werkstücken werden durch Anstauchen kegeliger Einspannköpfe Schwingproben geeigneter Geometrie hergestellt. Bei spannungs- und gesamtdehnungsgesteuerter Versuchsführung werden unter axialer Zug/Druck-Wechselbeanspruchung Hysteresekurven aufgenommen und daraus die Wechselverformungskurven ermittelt. Die Darstellung der Ergebnisse erfolgt zusätzlich in Form von Wöhlerkurven und zyklischen Spannungs - Dehnungs - Kurven. Die mechanischen Kennwerte vor und nach dem Fließpressen werden mitbestimmt. Ergänzende metallographische Untersuchungen dienen zur Erfassung von Gefügeveränderungen durch Umformen bzw. nach einer schwingenden Beanspruchung. Anhand fraktographischer Untersuchungen wird der Einfluß von Umformparametern und die Auswirkung der Versuchsführung auf die Rißentstehung und -ausbreitung bei zyklischer Beanspruchung aufgezeigt.

Das Ermüdungsverhalten der Versuchswerkstoffe im gesinterten, nicht umgeformten Ausgangszustand wird vor allem durch den hohen Restporengehalt (ca. 10 Vol.-%) bestimmt. Die Sintermetalle zeigen bei niedrigen Belastungsamplituden quasi-elastische Verformung bis zum Bruch; bei mittlerer bis hoher Beanspruchung ist Wechselentfestigung zu beobachten.

Im spannungsgesteuerten Versuch wird unkontrolliertes beschleunigtes Rißwachstum ausgelöst (offene Hystereseschleifen), wodurch das eigentliche Verhalten der Matrix überdeckt wird. Demgegenüber läßt sich bei konstanter Dehnungsamplitude das Wechselverformungsverhalten unverfälscht erfassen. Dies gilt auch für die zyklische Beanspruchung kaltumgeformter Sintermetalle.

Durch Fließpressen wird der Restporengehalt erheblich reduziert (Kaltumformung: 1 bis 3 Vol.-%, Halbwarmumformung: unter 1 Vol.-%). Aufgrund der dadurch verminderten inneren Kerbwirkung der Poren gewinnt der Einfluß der Randschicht im umgeformten Werkstück auf das Ermüdungsverhalten an Bedeutung. Die schwache Wechselverfestigung kaltfließgepreßter Sintermetalle geht mit zunehmendem Umformgrad zurück, es wird quasi-elastisches Verhalten bzw. zyklische Entfestigung beobachtet. Oszillationen im Verlauf der Wechselverformungskurven weisen auf strukturmechanische Veränderungen während der zyklischen Beanspruchung hin.

Bei halbwarmumgeformten Sintermetallen verläuft die zyklische Entfestigung aufgrund der verbesserten Zähigkeitseigenschaften sehr langsam. Die Entstehung und Ausbreitung von Ermüdungsrissen wird dabei maßgeblich durch die Art der Versuchsführung beeinflußt. Untersuchungen der Bruchflächen halbwarmfließgepreßter Werkstücke aus Sintermetall zeigen in Verbindung mit metallographischen Schliffaufnahmen, daß die stoffflußorientierten Restporen das Rißwachstum eher verzögern als beschleunigen. Dies ist gegenüber der Technologie des Pulverschmiedens als ein deutlicher Vorteil zu werten, da sich Risse in porenfreien pulvergeschmiedeten Werkstücken aufgrund der fehlenden Verzögerungswirkung schneller ausbreiten können. Im Hinblick auf eine energie- und materialsparende, kostengünstige Fertigung dynamisch hoch belastbarer PM-Bauteile eröffnen sich damit neue Möglichkeiten für die Verknüpfung von pulvermetallurgischen und umformtechnischen Fertigungsverfahren.

# 1 EINLEITUNG

Das Bestreben, bei maximaler Werkstoffausnutzung und mit vernünftigem Energieaufwand Bauteile hoher Qualität kostengünstig zu produzieren, hat zu einer verstärkten Entwicklung innovativer Technologien auf dem Fertigungssektor geführt. Im Zuge dieses Trends konnte sich die Pulvermetallurgie neben anderen Verfahren wie z.B. der Massivumformung als materialsparende Fertigungstechnologie behaupten /1/.

Mit Hilfe der Sintertechnik sind in wenigen Arbeitsgängen multifunktionale Bauteile einbaufertig herstellbar, die umformtechnisch nicht oder nur in mehreren Stufen mit geeigneten Zwischenglühungen gefertigt werden können. Ein entscheidender Vorteil der pulvermetallurgischen Herstellung ist die Möglichkeit, nahezu jede einem bestimmten Anforderungsprofil entsprechende Legierungszusammensetzung (auch mit schmelzmetallurgisch nicht mischbaren Elementen) zu realisieren. Hinzu kommt die sehr homogene Verteilung von Gefügebestandteilen wie z.B. den Primärcarbiden in PM-Schnellstählen und eine ausgeprägte Isotropie der mechanischen Eigenschaften /2/.

Schon seit längerem wird versucht, durch die Verknüpfung von Sintertechnik und Umformtechnik die Vorteile beider Technologien zu vereinen (Bild 1). Verfahrenskombinationen dieser Art sind häufig dadurch charakterisiert, daß ein oder mehrere Umformprozesse in den pulvermetallurgischen Fertigungsablauf integriert werden. Das bekannteste Beispiel hierfür ist das Sinter- oder Pulverschmieden. Durch Warmpressen bei Schmiedetemperatur wird die herstellbedingte Restporosität vorgesinterter Werkstücke nahezu vollständig eliminiert /3/. Dies eröffnet pulvergeschmiedeten Bauteilen den Einsatz für hohe dynamische Beanspruchungen, was bisher ausschließlich Kompaktstählen ausreichender dynamischer Festigkeit vorbehalten war.

Andere Massivumformverfahren wie z.B. das Strangpressen werden erfolgreich bei der Herstellung von Profilen aus PM-Aluminiumlegierungen eingesetzt (Dispal). Über die Verwendung pulverme-

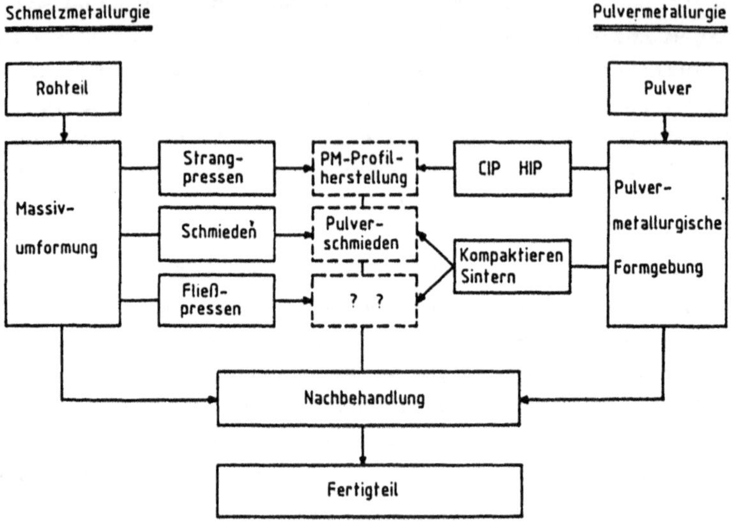


**Bild 1: Verfahrenskombinationen.**

**tallurgisch hergestellter Vorformen als Rohteile für eine anschließende Kalt- oder Warmumformung sind hingegen in der Literatur nur wenige Angaben zu finden. Frühere Arbeiten auf diesem Gebiet zeigen, daß die durch Poren bedingte relativ niedrige Festigkeit von Sintermetallen durch Umformung deutlich gesteigert werden kann. Die damit einhergehende Werkstoffverdichtung wirkt sich positiv auf das Verhalten unter dynamischer Beanspruchung aus /4,5,6/. Hieraus ergeben sich Ansätze für eine Untersuchung der Auswirkung von Umformparametern auf das Ermüdungsverhalten fließgepreßter Sintermetalle.**

# 2 STAND DER KENNTNISSE

## 2.1 Pulvermetallurgische Herstellung von Formteilen

Die Erzeugung von Sinterprodukten umfaßt folgende Verfahrensschritte /7/:

- Pulverherstellung und Aufbereitung

- Formgebung durch Pressen

- Sintern

- Kalibrieren, Nachbehandlung

Für die Herstellung von Sintermetallen auf Fe-Basis werden als Rohstoffe unlegierte und legierte Eisen- bzw. Stahlpulver verwendet. Neben der Direktreduktion von Eisenerz hat die Verdüsung aus der Schmelze als Verfahren zur Pulvergewinnung hohe Bedeutung erlangt. Ein häufig angewandtes Prinzip ist das Wasserverdüsungsverfahren. Die dabei durch Hochdruck-Wasserstrahlen erzeugten, rasch erstarrten Schmelztröpfchen werden als Pulver anschließend in reduzierender Atmosphäre geglüht, um die Oberflächenoxidschichten der Teilchen zu entfernen.

Vor der Formgebung müssen die Pulver ihrem Verwendungszweck entsprechend aufbereitet werden. Dies geschieht durch Klassifizierung in bestimmte Größenkategorien, Zerkleinerung durch Mahlen sowie durch Zusatz von Gleitmitteln (Stearate), die den Preßvorgang erleichtern und verschleißmindernd wirken.

Die Formgebung des Sinterteiles erfolgt durch Verdichten des Pulvers in einem geschlossenen Preßwerkzeug. Die Schütthöhe des eingefüllten Pulvers beträgt etwa das 2,5-fache der Bauteilendhöhe. In der Praxis wird häufig mit einem Abziehwerkzeug mit schwebend gelagerter Matrize und Ober- sowie Unterstempel gearbeitet. Der Unterstempel ist in der Regel mehrfach unterteilt, um die Formgebung von mehrquerschnittigen Teilen bzw. Komponenten mit Funktionsflächen zu ermöglichen. Durch die während der Kompaktierung in Preßrichtung mitbewegte Matrize wird eine infolge hoher Reibungskräfte ungleichmäßige Dichteverteilung weitgehend verhindert (Bild 2 ). Die erreichbare Preßdichte hängt vor allem vom angewandten Preßdruck und von der Reinheit des Pulvers ab. Der Preßvorgang bestimmt in hohem Maße die Festigkeitseigenschaften des gesinterten Fertigteiles.

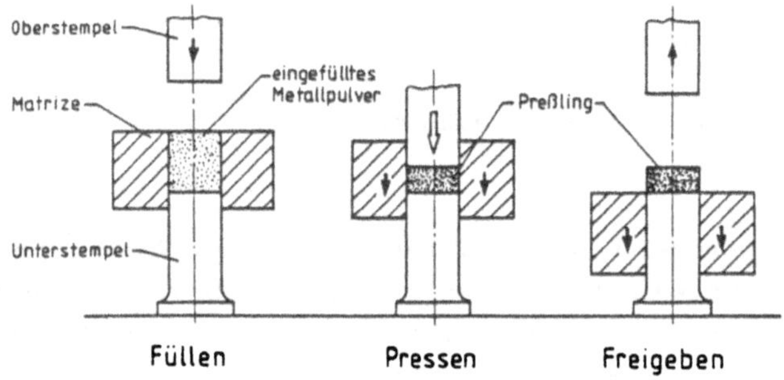


Bild 2: Pulverpressen im Abziehwerkzeug /8/.

Die vorgepreßten Formkörper, sog Grünlinge, erhalten ihre Gebrauchseigenschaften erst durch den Sinterprozeß. Die im Preßzustand nur mechanisch verklammerten, z.T. kaltverschweißten Pulverteilchen werden aufgrund von Diffusionsvorgängen beim Sintern zu einem festen metallischen Verbund; gleichzeitig findet durch Legierungsbildung eine Homogenisierung des Werkstoffes statt. Der Sintervorgang erfolgt bei Temperaturen von etwa 1100°C bis 1300°C in wahlweise reduzierender, neutraler oder aufkohlender Atmosphäre. Übliche Sinterzeiten liegen in der Größenordnung von 15 bis 60 min, die Durchlaufzeiten im Bandofen (Ausbrennen der preßerleichternden Zusätze - Sintern - Abkühlphase) betragen mehrere Stunden.

Im Regelfall wird die geforderte Maßgenauigkeit der Formteile nach dem Sintern nicht erreicht; häufig ist daher ein Kalibrieren der Werkstücke erforderlich. Bei diesem Vorgang wird durch einfaches Nachpressen bei Raumtemperatur die Maßhaltigkeit erhöht und die Oberflächengüte deutlich verbessert.

## 2.2 Statische Beanspruchung

Pulvermetallurgisch hergestellte metallische Werkstoffe besitzen, sofern sie keine zusätzliche Nachbehandlung erfahren, nach dem Sintern einen von der chemischen Zusammensetzung des Werkstoffes, der Legierungs- und Preßtechnik sowie von der Sintertemperatur- und dauer abhängigen Volumengehalt an Restporen. Dieser bestimmt in erheblichem Maße die mechanischen Eigenschaften des Werkstoffes und damit auch die Bauteileigenschaften. Die Möglichkeit, in der Pulvermetallurgie nahezu beliebige Legierungselemente miteinander zu kombinieren, erlaubt es, allein schon durch legierungstechnische Maßnahmen nahezu jede dem jeweiligen Anforderungsprofil entsprechende Festigkeit des Fertigproduktes einzustellen. Alle Maßnahmen zur weiteren Festigkeitssteigerung zielen darauf ab, die Restporosität zu reduzieren oder im Extremfall vollständig zu eliminieren /9/. Es ist bekannt, daß Sintermetalle mit relativ hohem Restporenanteil gegenüber vergleichbaren schmelzmetallurgisch hergestellten Stählen häufig für technische Anwendungen unzureichende Festigkeits- (Zugfestigkeit, Streckgrenze) bzw. Zähigkeitseigenschaften (Bruchdehnung, Kerbschlagarbeit) aufweisen. Dies läßt sich durch spezielle Nachbehandlungsverfahren, wie z.B. Infiltrieren mit niedrigschmelzenden Legierungen oder durch konventionelle Wärmebehandlung weitgehend beseitigen /7/.

Ähnlich wie oxidkeramische Werkstoffe zeigen Sintermetalle eine hohe Stabilität gegenüber Druckspannungen, da diese vom Gefüge -bestehend aus Werkstoffmatrix und Restporen- ohne Schädigung des Werkstoffverbundes aufgenommen werden. Dagegen können sich bereits kleine Inhomogenitäten wie z.B. Seigerungen, Lunker oder Verunreinigungen, aber auch ein unzureichender Zusammenhalt der Pulverpartikel nach dem Sintern negativ auf das Verhalten unter statischer Zugbeanspruchung auswirken. Insbesondere wenn sich die auf einen Querschnitt wirkenden Spannungen in Betrag und Richtung unterscheiden (z.B. bei Beanspruchung auf Biegung), kann es aufgrund der Kerbwirkung der Poren zu spontaner Rißbildung und nachfolgender unkontrollierter Rißausbreitung kommen. In manchen Fällen ist jedoch bei Sinterformteilen ein auf den Anwendungszweck und die Funktion des Bauteils abgestimmter Restporenanteil erforderlich, z.B. für die Aufnahme von Schmierstoff bei selbstschmierenden Gleitlagern aus Sinterbronze /10/.

Bei der Herstellung von Sinterformteilen besteht generell die Möglichkeit, im Anschluß an den Sinterprozeß durch definiertes Nachpressen (Kalibrieren) die "offene" Porosität zu verringern, d.h. Poren, die ausgehend von der Oberfläche mit weiter innen liegenden Poren in direkter Verbindung stehen, zuzudrücken. Eine weitere Reduzierung des Restporengehaltes wird durch Anwendung der Zweifach-Sintertechnik ermöglicht. Hierbei wird der Werkstoff durch Nachpressen <u>und</u> Nachsintern zusätzlich verdichtet /7/.

Das Bestreben, pulvermetallurgische Komponenten vollständiger Dichte ("Nullporosität") herzustellen, führte zur Entwicklung des Pulver- oder Sinterschmiedens. Diese in den letzten Jahren durch hohe Zuwachsraten gekennzeichnete Technologie ermöglicht die Fertigung hoch belastbarer Bauteile, deren statische und vor allem dynamische Eigenschaften mit denjenigen schmelzmetallurgisch hergestellter Komponenten konkurrieren und diese in Einzelfällen sogar übertreffen können /11/.

Das Verfahrensprinzip ist im Bild 3 dargestellt. Das vorgesinterte Formteil wird (wenn es die Anforderungen einer bestimmten Gewichtsklasse erfüllt) induktiv auf Schmiedetemperatur (900-1100°C) erwärmt und in einem geschlossenen Gesenk durch Warmpressen nahezu vollständig verdichtet. Der hierbei erzielte Restporengehalt liegt je nach Werkstoffzusammensetzung und Verfahrensweise zwischen 1 und 0,01 Vol.-%. Die Gewährleistung der

Reproduzierbarkeit solcher für pulvermetallurgische Werkstoffe extrem hoher Dichtewerte erfordert ein ausgereifter technisches Know-How und einen im Vergleich zu konventionellen Fertigungsverfahren der Schmelzmetallurgie hohen Kostenaufwand.

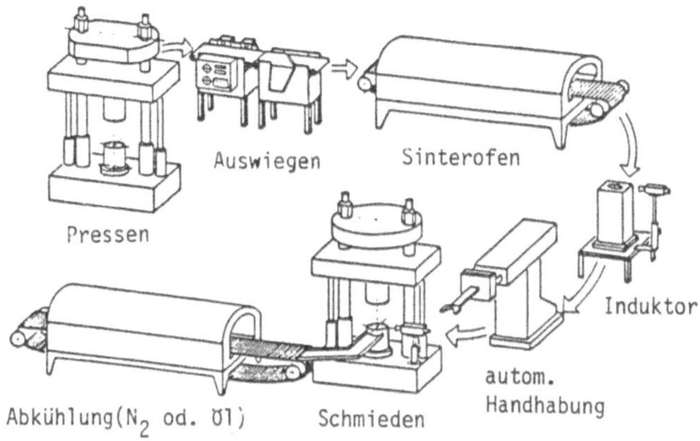


Bild 3: Verfahrensprinzip des Pulverschmiedens (nach /11/).

Im Zuge der Suche nach alternativen Produktionsverfahren wurde in einer Reihe von Arbeiten die Möglichkeit untersucht, pulvermetallurgisch hergestellt Vorformen als Rohteil in der Massivumformung einzusetzen /4,5,6/. Dies führte zu der Erkenntnis, daß auch mit relativ einfachen konventionellen Umformverfahren eine deutliche Reduzierung der Restporosität zu erzielen ist. So lassen sich z.B. durch Kaltfließpressen von Sintermetallen Restporengehalte von 1 bis 3 % erreichen. Die Umformung gesinterter Rohteile bei erhöhten Temperaturen (600-900°C) resultiert sogar in Werkstoffdichten, wie sie bislang ausschließlich durch Pulverschmieden erzielbar waren.
In den Arbeiten von Schacher /4/ und Stilz /5/ wird über die Auswirkung einer Kaltumformung (VVFP,NRFP) auf die mechanischen Eigenschaften von Sintermetallen auf Fe-Basis berichtet. Als Fazit dieser Untersuchungen ist festzuhalten:

- Kaltfließpressen führt sowohl zu einer markanten Dichteerhöhung als auch zu einer Verformungsverfestigung des Sinterwerkstoffes.

- Die mechanischen Eigenschaften der fließgepreßten Werkstücke werden in hohem Maße durch die Ausgangsdichte der gesinterten Vorformen mitbestimmt.

- Mit zunehmendem Umformgrad wird die Festigkeit (Streckgrenze bzw. 0,2-Dehngrenze, Zugfestigkeit) deutlich erhöht, die Zähigkeit (Bruchdehnung und -einschnürung, Kerbschlagarbeit) jedoch nicht nennenswert verbessert.

- Die Beeinflussungsmöglichkeiten durch Veränderung der Werkzeuggeometrie (z.B. Schulteröffnungswinkel der formgebenden Matrize) sind als gering einzustufen.

- Die nach der Umformung verbleibenden Poren sind in Preßrichtung orientiert und gestreckt.

- Die Oberflächenrauheit kaltfließgepreßter Sintermetalle entspricht derjenigen umgeformter Kompaktstähle.

Die genannten Untersuchungen wurden von Schaub /6/ auf den Temperaturbereich der Halbwarmumformung konventioneller Stähle (ca. 600-800°C) erweitert. Bezüglich der Auswirkung von Vorgangsparametern auf die Festigkeitseigenschaften halbwarmumgeformter Sintermetalle ergaben sich gegenüber der Kaltumformung wesentliche Unterschiede:

- Bedingt durch die bei erhöhten Temperaturen relativ niedrige Fließspannung liegen die erzielbaren Werkstückfestigkeiten deutlich unter denen nach VVFP bei Raumtemperatur; hingegen werden die Zähigkeitseigenschaften entscheidend verbessert.

- Der Einfluß des Umformgrades auf die mechanischen Eigenschaften der halbwarmfließgepreßten Werkstücke ist vernachlässigbar, ausschlaggebend ist hier vielmehr die Rohteil- bzw. Umformtemperatur.

- Durch VVFP im Temperaturbereich der Halbwarmumformung läßt sich bei Sintermetallen auf Fe-Basis eine nahezu vollständige Verdichtung erzielen.

Wie die bisherigen Untersuchungen zum Einfluß einer Umformung auf die Festigkeitseigenschaften von Sintermetallen ferner zeigen, wirkt sich die Abnahme der Restporosität auch auf das Verhalten unter dynamischer Beanspruchung aus. Nach Stilz /5/ ergibt sich durch Kaltfließpressen eine Steigerung der Dauerfestigkeit (Biegewechselfestigkeit) um etwa 30 % gegenüber dem gesinterten Ausgangszustand. Nach Schaub /6/ gelingt es, durch Halbwarmumformung und gezielte Wärmebehandlung bei Sinterstählen Dauerfestigkeitswerte zu erzielen, die z.T. die Werte von schmelzmetallurgisch hergestellten Stählen noch übertreffen. Über das Verhalten von Sintermetallen unter dynamischer Beanspruchung sind in der Literatur nur wenige Angaben zu finden. Der folgende Abschnitt faßt neuere Ergebnisse zusammen.

## 2.3 Dynamische Beanspruchung

Gegenüber schmelzmetallurgisch erzeugten weisen pulvermetallurgisch hergestellte Werkstoffe aufgrund ihrer Restporosität im allgemeinen niedrige Dauerfestigkeitswerte auf, die in etwa den Werten von Gußeisen entsprechen /12/. Dies erscheint für einen Einsatz von Sinterbauteilen für höhere dynamische Belastungen zunächst nachteilig. Untersuchungen auf diesem Gebiet zeigen aber, daß für eine korrekte Beurteilung nicht das Verhalten des Werkstoffes allein, sondern auch das Bauteilverhalten zu vergleichen ist. In Laborversuchen wurde die Biegewechselfestigkeit unterschiedlich gekerbter Proben ermittelt /13/. Bild 4 zeigt die für verschiedene Kompakt- u. Sinterstähle erhaltenen Dauerfestigkeitswerte in Abhängigkeit von der Formzahl $\alpha_k$

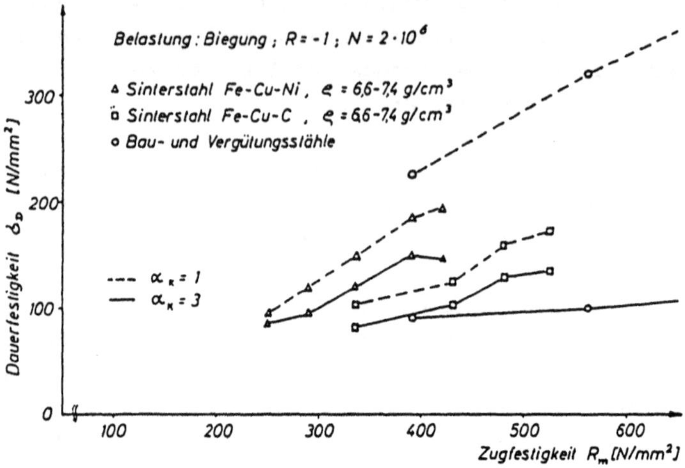


**Bild 4: Dauerfestigkeit von PM-Stählen und Kompaktstählen /13/.**

(Kerbfaktor), aufgetragen über der Zugfestigkeit. Bei der Verwendung glatter Proben ($\alpha_k$ = 1) ergeben sich für die porenbehafteten Sinterstähle vergleichsweise niedrige Werte. Diese ändern sich mit zunehmendem Kerbfaktor nur unwesentlich, während die zunächst höhere Dauerfestigkeit der Kompaktstähle deutlich abnimmt. Die Ursache hierfür ist in der Wirkung der Poren als innere Kerben zu sehen, die dem spannungserhöhenden Einfluß äußerer Kerben entgegenwirken. Dieser Effekt kommt insbesondere bei praxisrelevanten Bauteilen mit Querschnittsübergängen, Bohrungen u. ä. zum Tragen und ist als entscheidendes Kriterium bei der Beurteilung der dynamischen Eigenschaften von Sintermetallen anzusehen. In der Vornorm DIN V 30912 wird zur Aufnahme von Wöhlerkurven im Biegewechselversuch die Verwendung gekerbter Proben mit zweckmäßig abgestuftem Kerbfaktor empfohlen /14/.

Für eine Verbesserung der Schwing- bzw. Dauerfestigkeit pulvermetallurgisch hergestellter Formteile eignen sich Verfahren, die sowohl eine Verringerung des Porengehaltes als auch eine Verbesserung der Oberflächenbeschaffenheit und insbesondere eine Veränderung der inneren Spannungen oberflächennaher Zonen

bewirken. In der Literatur liegt hierüber eine Reihe von Angaben aus Untersuchungen vor. Hier kommt der Technologie des Pulverschmiedens eine besondere Bedeutung zu. Aus früheren Untersuchungen von Stilz bzw. Schaub /5,6/ geht hervor, daß durch Fließpressen bei Raumtemperatur bzw. im Halbwarmtemperaturbereich eine Erhöhung der Dauerfestigkeit legierter Sintermetalle erzielt wird. Darüberhinaus ist eine weitere Steigerung durch gezielte Wärmebehandlung nach der Umformung möglich.
Mit speziellen Oberflächenbehandlungen lassen sich auch bei konventionell gesinterten Bauteilen beträchtliche Gewinne bei der Dauerfestigkeit erzielen. Durch Festwalzen oder Kugelstrahlen beispielsweise werden in der Oberfläche Druckeigenspannungen induziert, die nachweislich die Schwingfestigkeit erhöhen /15/. In /16/ wird der Versuch unternommen, die über Schwingfestigkeitseigenschaften von pulvermetallurgischen Werkstoffen bzw. Bauteilen vorhandene Literatur zusammenzustellen. Es fehlen jedoch Angaben über das Ermüdungsverhalten <u>während</u> einer zyklischen Beanspruchung und die Art bzw. Größe der Beeinflussung durch Vorgangsparameter bei der Bauteilfertigung.

Als Ergänzung zur lebensdauerorientierten Bewertung durch Wöhlerversuche bieten sich hier Ermüdungsuntersuchungen auf Basis des sog. Hysteresemeßverfahrens an, wie sie von Schwab /17/ an schmelzmetallurgisch hergestellten konventionellen Fließpreßstählen durchgeführt wurden. Über die Anwendung dieses Verfahrens für Sintermetalle wurde bislang nur in /18/ berichtet.

# 3 AUFGABENSTELLUNG UND ZIELSETZUNG

Mit der vorliegenden Arbeit soll ein Beitrag zur Erweiterung der Kenntnisse über die Auswirkung von Fertigungsbedingungen auf das Verhalten schwingend beanspruchter pulvermetallurgischer Werkstoffe geleistet werden.

Aufbauend auf früheren Arbeiten über die Massivumformung von Sintermetallen /4,5,6/ sowie einer früheren Ermüdungsuntersuchung an umgeformten konventionellen Stählen /17/ wird der Einfluß beherrschbarer Verfahrensparameter beim Voll-Vorwärts-Fließpressen auf das Ermüdungsverhalten der gefertigten Werkstücke aus Sintermetall untersucht. Zu diesem Zweck werden für einige technisch relevante Sinterwerkstoffe auf Fe-Basis der Umformgrad (einschließlich der beim Fließpressen erfolgenden Nachverdichtung) und die Rohteil- bzw. Umformtemperatur (Raumtemperatur sowie eine Temperatur im Bereich der Halbwarmumformung konventioneller Stähle) variiert. Zur Charakterisierung des Festigkeitszustandes werden die mechanischen Kennwerte der umgeformten Werkstücke bestimmt. Aus den fließgepreßten Schäften werden durch Anstauchen von Einspannköpfen Schwingproben geeigneter Geometrie hergestellt.

In spannungs- und totaldehnungskontrollierten Einstufen-Schwingversuchen mit axialer Zug/Druck-Wechselbeanspruchung werden Hysteresekurven aufgenommen und daraus die Wechselverformungskurven ermittelt. Um die Veränderung des Ermüdungsverhaltens durch VVFP beurteilen zu können, werden auch Schwingversuche an nicht umgeformten Sinterproben durchgeführt. In exemplarischen Schwellversuchen wird der Einfluß positiver Mittelspannungen auf das Wechselverformungsverhalten untersucht und das Haigh-Diagramm ermittelt.
Durch ergänzende metallographische und fraktographische Untersuchungen sollen die durch das Gefüge bestimmten mechanischen Eigenschaften und das Bruchverhalten mit den Ergebnissen aus den Schwingversuchen korreliert werden. Dabei ist insbesondere der Einfluß der Restporosität auf die Ermüdungsrißausbreitung von Bedeutung.

**Ziel der Arbeit ist es, die Voraussetzungen für eine Optimierung pulvermetallurgischer Erzeugnisse zu schaffen. Durch die Wahl geeigneter Parameter bei der Kombination von Sintertechnik mit Verfahren der Massivumformung soll die Fertigung von Sinterbauteilen mit anforderungsgerechten Ermüdungseigenschaften ermöglicht werden. In diesem Zusammenhang ist auch die Frage von Interesse, ob die Halbwarmumformung gesinterter Vorformen als mögliche Alternative zur technisch aufwendigen Pulverschmiedetechnologie angesehen werden kann.**

# 4 HERSTELLUNG VON SCHWINGPROBEN

## 4.1 Versuchsprogramm

Das den Untersuchungen zugrundeliegende Versuchsprogramm läßt sich in folgende Einzelabschnitte gliedern:

1. Herstellung der Rohteile für die Umformung aus den gesinterten Vorformen

2. Umformung durch Voll-Vorwärts-Fließpressen mit Variation von Umformgrad und Temperatur

3. Fertigung von Schwingproben aus den fließgepreßten Werkstücken durch Anstauchen von Einspannköpfen

4. Durchführung von Einstufen-Schwingversuchen mit axialer Zug/Druck-Wechselbeanspruchung

5. Rechnerunterstützte Auswertung der Meßdaten, Ergebnisdarstellung in Form von Wechselverformungskurven, Zyklischen Spannungs-Dehnungs-Kurven und Wöhlerkurven

6. Metallographische und fraktographische Untersuchungen

Bei der Versuchsplanung war von einer problemangepaßten Auswahl der zu variierenden Parameter auszugehen. Die Variation des Umformgrades war im Hinblick auf die erforderliche Herstellung von Schwingproben durch Anstauchen von Köpfen an die fließgepreßten Sinterteile begrenzt. Die Umformung der pulvermetallurgischen Vorformen erfolgte bei Raumtemperatur sowie im Temperaturbereich der Halbwarmumformung bei 700 °C. Nach /5/ sind die Einflußmöglichkeiten auf das Ermüdungsverhalten durch Veränderung des Schulteröffnungswinkels als gering einzustufen; dieser

Parameter wurde daher in der vorliegenden Arbeit nicht mit in die Untersuchungen einbezogen. Aufgrund früherer Erkenntnisse erschien es zweckmäßig, sich bei der Kalt- bzw. Halbwarmumformung auf jeweils einen geeigneten Schmierstoff zu beschränken (s. Abschn. 4.4).

Bild 5 gibt eine Übersicht über die Vorgehensweise bei der Untersuchung des Ermüdungsverhaltens umgeformter Sintermetalle.

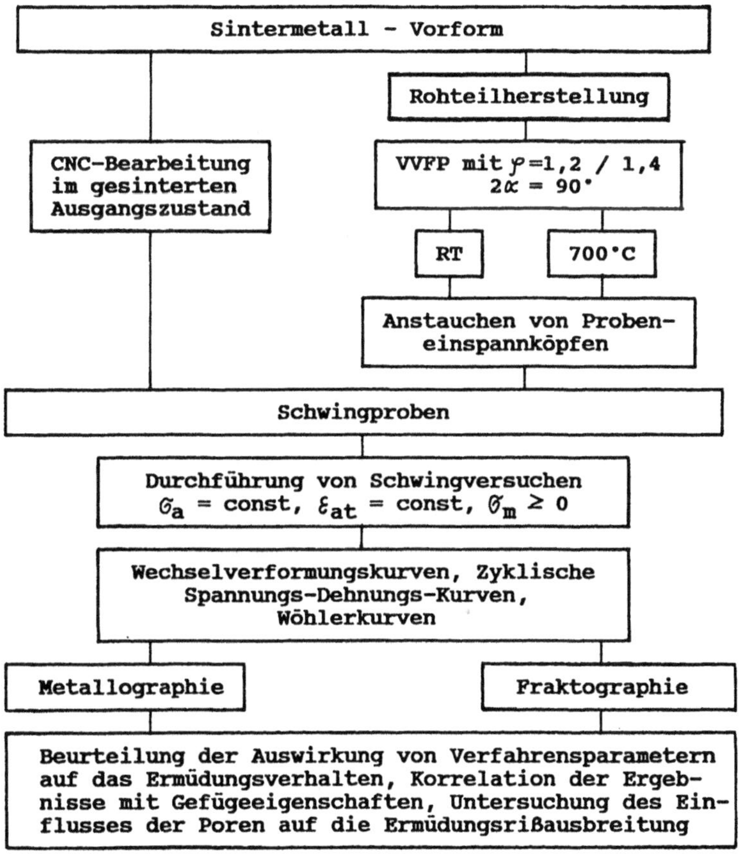


Bild 5: Versuchsablaufplan.

## 4.2 Versuchswerkstoffe

### 4.2.1 Werkstoffauswahl

Unter Berücksichtigung der in früheren Arbeiten /4,5,6/ gewonnenen Erkenntnisse erfolgte die Wahl der für die Untersuchungen eingesetzten Sinterwerkstoffe nach folgenden Gesichtspunkten:

- ausreichend hohe Ausgangsdichte und homogene Dichteverteilung in der Vorform

- Umformbarkeit

- Vergleichsmöglichkeit mit Ergebnissen aus früheren Untersuchungen

- Praxisrelevanz

Die Dichte bzw. Porosität pulvermetallurgisch hergestellter Werkstoffe ist von entscheidender Bedeutung für ihre statischen und dynamischen Festigkeitseigenschaften. Nach /5 / werden auch die mechanischen Eigenschaften massiv umgeformter Sintermetalle von der (relativen) Dichte des Rohteils mitbestimmt. Liegen unzureichende Dichtewerte oder ungleichmäßig verteilte Poren vor, so können lokale Spannungskonzentrationen bei der Umformung zu Rißbildungen im umgeformten Werkstück führen.
Für die Herstellung von Schwingproben ist eine homogene Dichteverteilung in der Vorform unerläßlich. Es erschien daher zweckmäßig, von der in früheren Arbeiten angewandten Methode zur Herstellung gesinterter Vorformen (Verdichten der Pulver in selbstkonstruierten Preßwerkzeugen - Sintern der Grünlinge) abzuweichen. Die Versuchswerkstoffe wurden schon als konventionell gesinterte, zylindrische Vollkörper bzw. in Form von liegend gepreßten Sinterblöcken vom Hersteller (Fa. Sintermetallwerk Krebsöge GmbH) bezogen. Diese Vorgehensweise gewährleistet auch bei größeren Abmessungen einen einheitlichen Ausgangszustand bezüglich der Dichte und der homogenen Verteilung von Legierungselementen. Dadurch wird die Möglichkeit eröffnet,

durch Variation von Umformparametern Veränderungen des Festigkeits- und Ermüdungsverhaltens zu erfassen und zu beurteilen. Darüber hinaus ist durch die Verwendung von Sinterlegierungen, wie sie für die industrielle Herstellung von Sinterformteilen eingesetzt werden, ein enger Praxisbezug der Untersuchungen gegeben.

### 4.2.2 Zusammensetzung und Legierungstechnik

Als Versuchswerkstoffe wurden drei handelsübliche Sintermetalle unterschiedlicher Legierungszusammensetzung auf Fe-Basis ausgewählt (Tab. 1). Mit einem Restporengehalt von 10 ± 2 Vol.-% sind sie gemäß der Einteilung nach den Werkstoffleistungsblättern des Fachverbandes für Pulvermetallurgie /19/ der Klasse SINT-D zuzuordnen. Diese umfaßt den weitaus größten Anteil konventionell gesinterter Formteile mittlerer bis höherer Dichte aus Sinterstahl.

| Werkstoff-bezeichnung | Werkstoff-klasse n. WLB | Legierungsbestandteile in Gew.-% | | | | |
|---|---|---|---|---|---|---|
| | | C | Cu | Ni | Mo | Fe |
| Sista 25 | SINT-D 00 | 0.01 | - | - | - | Rest |
| Sista 30 | SINT-D 10 | 0.01 | 1.2 | - | - | Rest |
| Sista 55 | SINT-D 30 | 0.01 | 1.5 | 4.0 | 0.5 | Rest |

Tabelle 1: Chemische Zusammensetzung der Versuchswerkstoffe (lt. Werkszeugnis).

Bei Sista 25 handelt es sich um unlegiertes Sintereisen. Der überwiegend aus wasserverdüstem Eisenpulver (WPL 200, Fa. Mannesmann) bestehende Werkstoff wird je nach Reinheitsgrad u.a. für weichmagnetische Bauteile eingesetzt; weitere Einsatzgebiete sind Stoßdämpferkomponenten (Kolben, Kolbenstangenführung) sowie Ventilelemente. Durch Wasserdampfbehandlung läßt sich die relativ niedrige Festigkeit von unlegiertem Sintereisen ($R_m$ = 250 $N/mm^2$) erhöhen /20/.

Die Sinterstähle Sista 30 und Sista 55 weisen aufgrund der zugesetzten Legierungselemente Cu bzw. Ni und Mo höhere Festigkeitswerte auf. Kupfer stellt in der Pulvermetallurgie im Gegensatz zur Schmelzmetallurgie ein wichtiges Element zur Festigkeitssteigerung dar. Die in das Fe-Kristallgitter eingelagerten Cu-Atome übernehmen die Funktion der C-Atome in einem Stahl, d.h. sie bewirken Mischkristallhärtung. Kohlenstoff wird in der Pulvermetallurgie als festigkeitssteigerndes Element nur sparsam eingesetzt, um beim Sintern unerwünschte Reaktionen mit Verunreinigungen zu vermeiden, die zu Festigkeitseinbußen beim Fertigteil führen /20/. Durch Zulegieren von Cu wird die durch den Sintervorgang bedingte Volumenabnahme (Schwindung) erheblich verringert. Fe-Cu Sinterstähle finden vor allem als Werkstoff für Ölpumpenkomponenten (Zahnräder) in der Automobilindustrie Anwendung. Bei Sista 55 addiert sich zur festigkeitssteigernden Wirkung von Cu die von Ni. Der Zusatz von Molybdän verbessert die Verschleißbeständigkeit dieses Sinterstahles.

Die Versuchswerkstoffe unterscheiden sich ferner in der bei ihrer Herstellung angewandten Legierungstechnik. Während Sista 30 eine einfache Mischung aus Cu-Pulver mit dem Fe-Grundpulver WPL 200 darstellt, bildet für Sista 55 ein sogenanntes anlegiertes Pulver die Grundlage. Bei dieser Legierungstechnik wird durch eine (<u>Diffusions</u>-) Glühbehandlung der Pulvermischung vor dem Verdichten eine feste Verbindung der Legierungskomponenten mit dem Grundpulver erreicht. PM-Stähle dieses Typs (<u>Di</u>staloy) zeichnen sich durch eine besonders homogene Verteilung der Legierungsbestandteile im Gefüge aus. Dies führt bei gleichbleibend guter Kompressibilität des Pulvers zu einer Verkürzung der Sinterzeiten; zugleich kann auch die Sintertemperatur herabgesetzt werden, ohne Festigkeitseinbußen beim Fertigteil zu riskieren. Darüber hinaus lassen sich solche Sinterstähle durch gezielte Einstellung des Kohlenstoffgehaltes nach Bedarf einsatzhärten oder vergüten /7/.

Nachfolgend sind die Sinterbedingungen bei der Herstellung der Versuchswerkstoffe aufgeführt:

Aufheizgeschwindigkeit: ca. 7 K/min
Sintertemperatur: 1280 °C (1553 K)
Sinterzeit: 30 min
Abkühlgeschwindigkeit: 5 K/min
Sinteratmosphäre: 70 $N_2$/30 $H_2$ (Spaltgas)

### 4.2.3 Gefügeausbildung

Die metallographische Untersuchung porenbehafteter Werkstoffe erfordert spezielle Präparationstechniken und eine entsprechende Geräteausrüstung. Schon kleine Ungenauigkeiten wie zu langes Schleifen oder Polieren können zu Fehlern durch Porenabrundung, Ausbrechen von Porenrändern oder Zusetzen der Poren durch Abrieb u.ä. führen, die das Bild der Porenverteilung z.T. erheblich verfälschen /12/.
Die Präparation der Versuchswerkstoffe wurde teilweise in Zusammenarbeit mit dem Pulvermetallurgischen Laboratorium des Max-Planck-Institutes für Werkstoffwissenschaften, Stuttgart, durchgeführt. Zur Beurteilung von Größe, Gestalt und Verteilung der Poren wurden Quer- und Längsschliffe der Vorformen hergestellt. Die Proben wurden vor dem Einbetten unter Vakuum mit einem schnellaushärtenden Epoxidharz infiltriert, um die o.g. Präparationsfehler zu vermeiden. Die Schliffherstellung geschah ähnlich der bei konventionellen Stählen üblichen Vorgehensweise durch Schleifen bis Körnung 1000 und nachfolgendes Polieren mit Diamantspray (6 $\mu$m, 3 $\mu$m und 1 $\mu$m). Abschließend wurde mit einer $SiO_2$-Suspension (Mastermet, 0,05 $\mu$m) feinstpoliert. Als Ätzmittel zur Gefügeentwicklung diente eine 0,5 %-ige alkoholische $HNO_3$-Lösung (Nital), die Ätzdauer betrug 10 bis 15 Sekunden. Für die lichtmikroskopische Untersuchung der Schliffe stand ein Auflichtmikroskop (Fa. Zeiss) zur Verfügung.

Die Schliffaufnahmen zeigen für alle drei Versuchswerkstoffe im gesinterten Ausgangszustand ein gleichmäßig von Poren unterschiedlicher Form und Größe durchsetztes Gefüge. Lokale Unterschiede in der Porosität von Mitten- und Randbereich der Vorformen sind vernachlässigbar (Bild 6) . Der Cu-legierte Sinter-

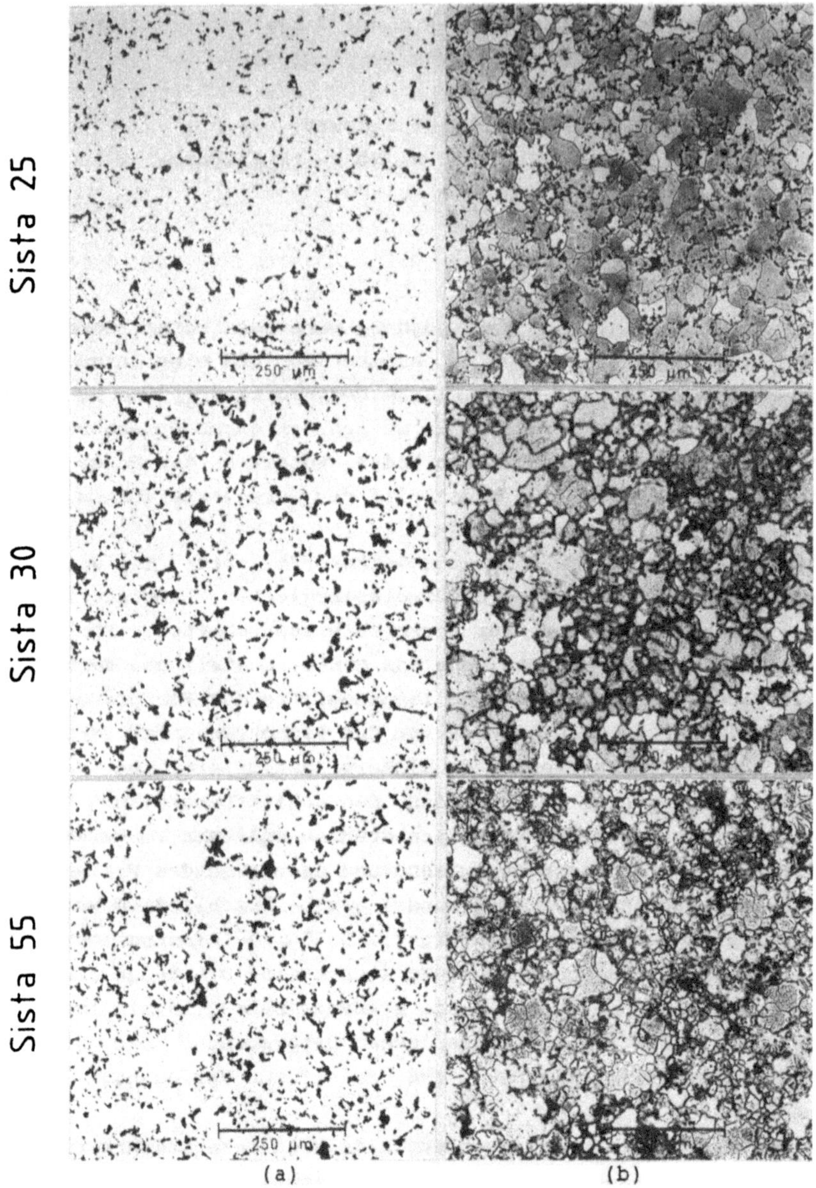


**Bild 6: Gefügeausbildung im Sinterzustand**
**(a) ungeätzt, (b) nach Anätzen mit Nital**

stahl Sista 30 weist gegenüber den anderen beiden Sintermetallen einen höheren Anteil an größeren, zusammenhängenden Poren auf. Die Aufnahmen der angeätzten Schliffe lassen die früheren "Korngrenzen" der beim Sintern zusammengewachsenen Pulverteilchen gut erkennen . Während bei Sista 25 ein rein ferritisches Gefüge vorliegt, zeigt Sista 30 überwiegend Teilchen, die von einem schmalen Saum umgeben sind. Es handelt sich hierbei um Cu-reiche Zonen, die durch Diffusionsprozesse beim Sintern zustandekommen. Ein ähnliches Bild ergibt sich für Sista 55, dessen Legierungskomponenten im Schliff als unterschiedliche Phasen sichtbar werden.

### 4.2.4 Eigenschaften im Lieferzustand

#### 4.2.4.1 Dichte, Porosität

Unter den Prüfverfahren für Sinterwerkstoffe nimmt die Dichte- bzw. Porositätsbestimmung einen breiten Raum ein. Für die Ermittlung des Restporengehaltes existieren verschiedene werkstoffspezifische Methoden, die in der DIN-Vornorm 30911 aufgeführt sind /21/. Diese vor allem für hochporöse Filterwerkstoffe gebräuchlichen Verfahren sind jedoch für Sintermetalle mit relativ niedrigem Porengehalt weniger vorteilhaft. Hierfür haben sich Wägeverfahren oder Methoden der quantitativen Gefügeanalyse (z.B. Schnittlinienverfahren) bewährt. Die letztgenannte Methode bietet gegenüber dem Abwiegen von Proben definierter Geometrie den Vorteil, anstelle von integral ermittelten Dichtewerten Aussagen über die lokale Porosität (beispielsweise im Kern- oder Randbereich) zu erhalten. Bei der Porositätsbestimmung für die Versuchswerkstoffe kamen beide Verfahren zur Anwendung.

Den gesinterten Rohteilen wurden zylindrische Proben mit 10 mm Durchmesser und 16 mm Höhe entnommen und auf einer Digitalwaage (Fa. Sartorius) auf ± 0,01 g genau abgewogen. Die Dichte ergibt sich über das Volumen.

Bei Sinterwerkstoffen dient die Dichte als ein Maß für den Porengehalt und wird daher in der Regel auf die theoretische Dichte $\rho_{th}$ des porenfreien Grundwerkstoffes bezogen (relative Dichte $\rho_{rel}$). Es gilt:

$$\rho_{rel} = \frac{\rho}{\rho_{th}} \qquad (1)$$

Die Porosität P ergibt sich daraus zu

$$P = (1 - \rho_{rel}) \times 100 \% \qquad (2)$$

Für die Versuchswerkstoffe wurde der Wert $\rho_{th} = 7{,}90$ g/cm³ zugrundegelegt. Hierbei ist der Einfluß der Legierungselemente (Cu, Ni, Mo) auf die Dichte von Reineisen ($\rho = 7{,}86$ g/cm³) berücksichtigt /22/.

Die Porositätsbestimmung mit Hilfe des Schnittlinienverfahrens diente dazu, den in Hinblick auf die Ermüdungsuntersuchungen wichtigen Porengehalt im Randbereich der Vorformen zu bestimmen. Bild 7 zeigt das Prinzip der Linearanalyse: über eine Gefügeaufnahme wird ein Raster paralleler Linien gelegt, deren Abstand zueinander etwa dem Durchmesser der zu messenden Poren entspricht. Setzt man die Gesamtlänge des Linienrasters ins Verhältnis zur Summe der die Poren schneidenden Streckenabschnitte, so erhält man einen Wert, der - wie gezeigt werden kann - mit dem Volumenanteil der Poren gleichzusetzen ist /12/.

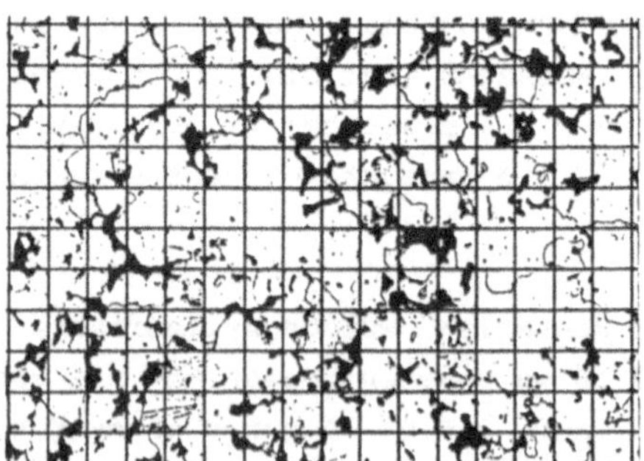

Bild 7: Porositätsbestimmung mittels Schnittlinienverfahren.

| Werkstoff | Sista 25 | Sista 30 | Sista 55 |
|---|---|---|---|
| rel. Dichte (Wägung) | 0,889 | 0,884 | 0,892 |
| rel. Dichte (Linearanalyse) | 0,915 | 0,89 | 0,935 |

Tabelle 2: Dichte (Porosität) der Versuchswerkstoffe.

In Tabelle 2 sind die für den Lieferzustand an jeweils drei Proben ermittelten Werte der relativen Dichte aufgeführt. Die relative Ausgangsdichte wurde im Mittel zu $\rho_{rel0} \approx 0{,}89$ bestimmt, d.h. der Restporengehalt nach dem Sintern beträgt etwa 11 %. Dies stimmt gut mit Herstellerangaben überein, wonach für die Versuchswerkstoffe eine Porosität von 10 ± 2 % zulässig ist. Die Streuung der integral ermittelten Dichtewerte ist gering, es zeigen sich aber werkstoffabhängige Unterschiede. Gegenüber Sista 25 und Sista 55 weist der Sinterstahl Sista 30 etwas größere Dichteschwankungen auf. Dies ist vermutlich auf eine inhomogene Porenverteilung zurückzuführen, die beim unlegierten Sintereisen werkstoffbedingt (keine zugemischten Legierungselemente), bei Sista 55 herstellungsbedingt (homogene Verteilung der Mischkomponenten im anlegierten Pulver) weniger ausgeprägt ist. Dies wird durch die metallographische Schliffuntersuchung bestätigt (Abschn. 4.2.3).

Aus der Tabelle ist ersichtlich, daß das Schnittlinienverfahren gegenüber der Wägemethode etwas niedrigere Porositätswerte liefert. Dies kann allerdings nicht allein durch Unterschiede im gewählten Probenbereich (Probenentnahme bei Wägung aus Kern, Linearanalyse in oberflächennahen Zonen) erklärt werden. Denkbar wäre auch, daß sich der aufgrund der großen Schwankung der Porengröße nur annäherungsweise definierte Linienabstand auf das Ergebnis auswirkt. Dennoch werden auch bei diesem Verfahren die werkstoffabhängigen Unterschiede im Porengehalt deutlich.

### 4.2.4.2 Mechanische Kennwerte, Fließkurven

Der Tabelle 3 sind die mechanischen Kennwerte der Versuchswerkstoffe im gesinterten Ausgangszustand zu entnehmen. Sie wurden vom Hersteller nach DIN 15 145 /23/ an gesinterten Probestäben nach ISO-Norm (2740) ermittelt /24/. Die Härtewerte sind miteingetragen. Für die Härtemessung bei Sinterwerkstoffen ist das Verfahren nach Brinell (DIN 50 351 ) gegenüber anderen Methoden (Vickers, Rockwell) vorzuziehen, da durch den Kugeleindruck die Poren miterfaßt werden und so ein repräsentativer, integraler Wert angegeben werden kann /25/. Die sehr niedrigen Bruchdehnungswerte der beiden legierten Sinterstähle weisen auf ein sprödes Verhalten im nicht umgeformten Sinterzustand hin.

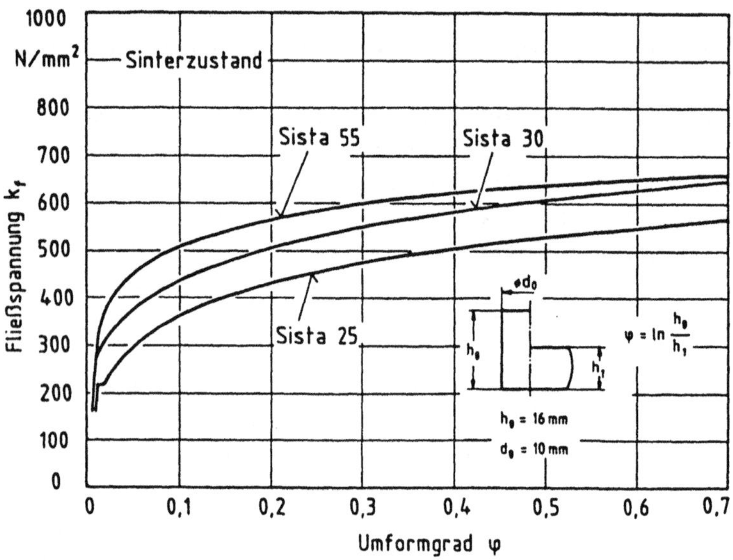


Bild 8: Fließkurven der PM-Werkstoffe.

Zur Aufnahme der Fließkurven bei Raumtemperatur stand eine hydraulische Universalprüfmaschine (Hersteller Losenhausen) zur Verfügung. Die Fließkurven wurden im Stauchversuch an zylindrischen Proben ($d_0$ = 10 mm, $h_0$ = 16 mm) ermittelt, die den gesinterten Vorformen entnommen wurden. Bild 8 zeigt die Fließkur-

| Werkstoff | Sista 25 | Sista 30 | Sista 55 |
|---|---|---|---|
| Zugfestigkeit $R_m$ $N/mm^2$ | 250 | 300 | 360 |
| Streckgrenze $R_{p0,1}$ $N/mm^2$ | 150 | 230 | 320 |
| Bruchdehnung $A_5$ % | 12 | 7 | 5 |
| Brinellhärte HB | 50 | 80 | 110 |
| Elastizitätsmodul E $N/mm^2$ | 130 000 | 130 000 | 130 000 |
| Biegewechselfestigkeit $\sigma_{bw}$ $N/mm^2$ | - | 120 | 150 |

Tabelle 3: Mechanische Kennwerte der Versuchswerkstoffe.

ven für die Versuchswerkstoffe im gesinterten Ausgangszustand. Bei der Interpretation der Kurvenverläufe ist zu berücksichtigen, daß während des Stauchvorganges eine Volumenabnahme durch kontinuierliche Verdichtung erfolgt /4/.

## 4.3 Rohteilherstellung

Die Rohteile für das Voll-Vorwärts-Fließpressen wurden durch spanende Bearbeitung der zylindrischen Vorformen hergestellt. Die Anpassung an die gewählte Werkzeuggeometrie war notwendig, da bei der pulvermetallurgischen Herstellung von Formteilen eine gleichmäßige Verdichtung nur bei Einhaltung eines bestimmten Höhe/Durchmesser-Verhältnisses erreichbar ist /7/. Wegen der für das Anstauchen von Einspannköpfen erforderlichen Länge und des auf 10 mm festgelegten Durchmessers der Fließpreßteile mußten entsprechend höher dimensionierte Vorformen bezogen werden. Des weiteren ist zu beachten, daß bei der Umformung porenbehafteter Werkstoffe das Gesetz der Volumenkonstanz nicht erfüllt ist. Daher muß die bereits am Schultereinlauf der Fließpreßmatrize beginnende Werkstoffverdichtung bei der Berechnung der Rohteilgeometrie mitberücksichtigt werden /4/.

Durch die Drehbearbeitung der zylindrischen Vollkörper wird die Porosität in der Randschicht beeinflußt. Dies ist jedoch gegenüber der Auswirkung der Umformung auf die Oberfläche bzw. oberflächennahen Zonen vernachlässigbar. Die Rohteile wurden an den Stirnseiten leicht angefast, um Absplitterungen der relativ spröden Werkstoffe beim Auftreffen des Fließpreßstempels zu vermeiden.

## 4.4 Voll-Vorwärts-Fließpressen (VVFP)

Für die Umformung der gesinterten Vorformen bei Raumtemperatur bzw. erhöhten Temperaturen stand eine mechanische Einpunkt-Zweiständer-Kurbelpresse (Fabrikat Schuler, Modell F 315/0,4) mit einer Nennkraft von 3150 kN zur Verfügung. Die Werkzeuge waren doppelt armiert. Der Schulteröffnungswinkel $2\alpha = 90°$ und der Fließbunddurchmesser (10 mm) wurden konstant gehalten. Der Umformgrad wurde durch Verwendung von Matrizen mit unterschiedlichem Preßbüchsendurchmesser variiert. Für die Werkzeugkomponenten wurden die folgenden Werkstoffe verwendet:

| | |
|---|---|
| Stempel: | Schnellarbeitsstahl S10-4-3-10 (63-65 HRC) |
| Preßbüchse: | Schnellarbeitsstahl S6-5-2 (61-63 HRC) |
| Armierungsring: | Warmarbeitsstahl X20CrW12 (50-52 HRC) |

Bild 9 zeigt das Fließpreßwerkzeug im Grundgestell.

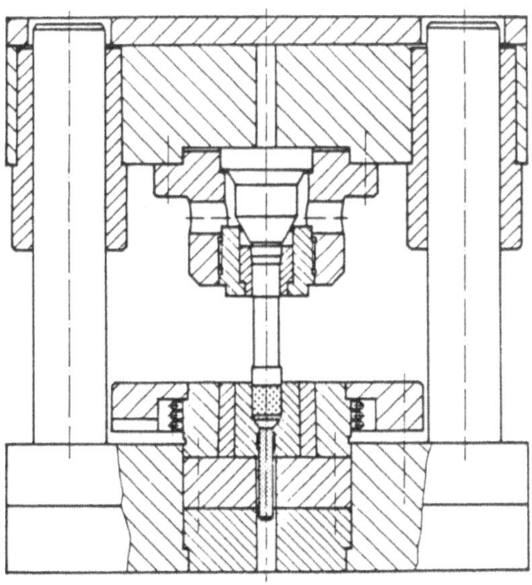

Bild 9: Werkzeug für das Voll-Vorwärts-Fließpressen (nach /17/)

### 4.4.1 Kaltumformung

Die bei konventionellen Fließpreßstählen übliche Vorbehandlung der Rohteile durch Phosphatieren und Beseifen ist für porenbehaftete Werkstoffe ungeeignet. Eine nachträgliche Entfernung der von offenen Poren aufgenommenen Badflüssigkeit wäre nur mit erheblichem Aufwand möglich. Als Schmierstoff für die Kaltumformung wurde daher ein Gleitlack auf Molykote-Basis (321 R, Hersteller Dow & Corning) eingesetzt, mit dem bereits in früheren Arbeiten gute Ergebnisse erzielt worden waren /5/. Die Graphit-Suspension wurde sowohl auf die Rohteile als auch auf den Fließbund des Stempels aufgesprüht (Schichtdicke $\approx$ 10 $\mu$m). Um eine für das Anstauchen der Einspannköpfe ausreichende Länge der Fließpreßteile zu gewährleisten, wurde analog zu der Vorgehensweise bei Schwab /17/ ohne Auswerfer gearbeitet. Jedes Rohteil wurde nach dem Einlegen in die Matrize im ersten Hub bis etwa 2 mm vor dem Schultereinlauf fließgepreßt und nach Aufsetzen eines Folgeteils im nächsten Hub vollständig durch die Matrize hindurchgedrückt. Es wurde mit 11 Hüben pro Minute umgeformt, dies entspricht einer Stempelauftreffgeschwindigkeit von 120 mm/s.

### 4.4.2 Halbwarmumformung

Für das Fließpressen im Halbwarmtemperaturbereich wurden die Rohteile ohne Schmierstoffschicht in einem elektrisch beheizten Kammerofen auf ca. 730°C erwärmt; dabei erfolgte die Regelung in einem Bereich von ± 5 °C. Die Temperatur der Rohteile wurde über ein Digitalvoltmeter mittels eines Ni/CrNi-Thermoelementes überwacht, das im Kern einer Meßprobe (Sista 55) gleicher Geometrie fixiert wurde. Der Ofen war mit einer Schutzgaseinrichtung ausgerüstet, um eine unerwünschte Oxidation der Poren bzw. der Rohteiloberfläche zu vermeiden. Die Einstellung des Gasstroms ($N_2$) in den Ofen erfolgte über einen Flaschendruckminderer mit Schwebekörper. Dies ermöglichte eine Dosierung der Durchflußmenge im Bereich von 1 bis 10 l/min. Während der Erwärmungphase erwies sich ein mittlerer Wert von ca. 4 l/min als ausreichend; bei Entnahme der Rohteile wurde mit 10 l/min gespült.

Das Werkzeug wurde vor der Umformung bei in die Matrize eingefahrenem Stempel mit Hilfe eines Heißluftgebläses auf etwa 150 - 200 °C vorgewärmt. Als Schmierstoff wurde ein in der Praxis bei der Halbwarm- und Warmumformung erfolgreich eingesetztes, hochzähes Fett-Mineralöl-Gemisch (Thermex 8253, Fa. Stuart Oil) verwendet. Dieses wurde miterwärmt und mit einem Pinsel auf den Stempel sowie auf die Innenfläche der Preßbüchse aufgebracht. Vorversuche mit einer in /6/ zur Schmierung angewandten, mit Wasser verdünnten Emulsion auf Graphit-Basis (Sumidera) lieferten in Bezug auf die Oberflächenqualität der Fließpreßteile keine brauchbaren Ergebnisse. Dies ist vermutlich auf die veränderten Bedingungen gegenüber der früheren Untersuchung (induktive Erwärmung der Rohteile, kontinuierliche Umformung mit Auswerfen der fließgepreßten Werkstücke) zurückzuführen.

Möglichst kurz gehaltene Transfer- und Hantierzeiten von ca. 5 Sekunden gewährleisteten eine Rohteiltemperatur $T_R$ im Bereich von 690 - 710 °C. Bedingt durch die o.g. Vorgehensweise zur Herstellung der Fließpreßteile konnten pro Charge nicht mehr als 6 Vorformen gleichzeitig im Ofen erhitzt und umgeformt werden. Aufgrund der Wärmeabfuhr durch die Matrize wurde der Kopfbereich einiger Teile, bei denen der Folgehub erst nach der Erwärmung der nächsten Charge erfolgen konnte, bei wesentlich niedrigeren Temperaturen umgeformt. Dies war jedoch unproblematisch, da vor dem Anstauchen der Einspannköpfe die instationären Anfangs- und Endstücke der Fließpreßteile abgetrennt wurden (vgl. Abschn. 4.5).

Die Hubzahl wurde bei der Halbwarmumformung auf 22 Hübe pro Minute erhöht, um eine zu schnelle Abkühlung der eingelegten Rohteile zu vermeiden. Des weiteren kommt bei erhöhten Temperaturen die Geschwindigkeitsabhängigkeit der Fließspannung zum Tragen /26/. Die halbwarmumgeformten Fließpreßteile kühlten an Luft ab.

## 4.5 Anstauchen von Einspannköpfen

In vornehmlich werkstofforientierten Ermüdungsuntersuchungen werden meist spanend hergestellte Schwingproben mit hoher Oberflächengüte eingesetzt, denn Oberflächenfehler wie z.B. Schleifriefen oder Mikrorisse sind bevorzugte Stellen für die Rißinitiierung und beeinträchtigen die Untersuchung des Werkstoffverhaltens unter dynamischer Beanspruchung /27/. Demgegenüber war es das Ziel der vorliegenden Arbeit, den Oberflächen- bzw. Festigkeitszustand der umgeformten Werkstücke nicht zu verändern, um eine praxisnahe Erfassung relevanter Einflußgrößen auf das Ermüdungsverhalten zu ermöglichen. Hierzu zählen neben den bei der Umformung gezielt variierten Parametern (Umformgrad, Rohteiltemperatur) auch die Oberflächenbeschaffenheit sowie die Randschichteigenschaften der Fließpreßteile. Die Herstellung von "bauteilähnlichen" Schwingproben geeigneter Geometrie gestaltete sich dementsprechend aufwendig (Bild 10).

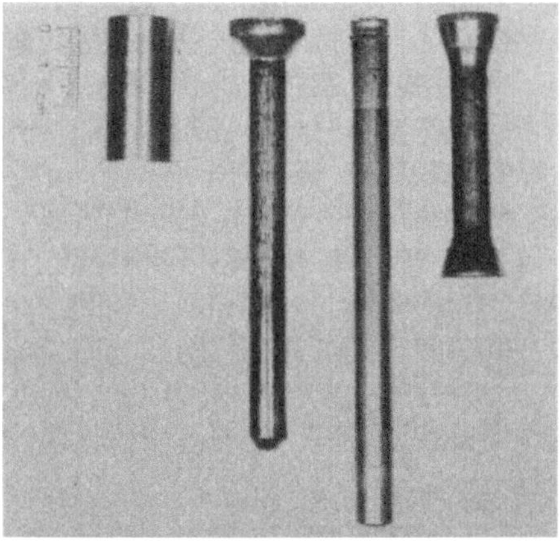

Bild 10: Stadienfolge bei der Herstellung von Schwingproben.

In Anlehnung an ein von Schwab /17/ für konventionelle Fließpreßstähle erprobtes Verfahren wurden die instationären Anfangs- und Endstücke der Fließpreßteile abgetrennt und die verbleibenden Schäfte auf definierte Länge gebracht. Dadurch werden mögliche nachteilige Auswirkungen der Einprägung des

Kalibrierbundes am oberen sowie kleinerer Risse am unteren Ende des Fließpreßteiles ausgeschaltet. Anschließend wurden an den beiden Schaftenden in zwei Umformstufen kegelige Einspannköpfe kalt angestaucht. Das Anstauchen wurde auf einer hydraulischen Presse (Hersteller Müller, $F_N$ = 2000 kN) durchgeführt. Um rißfreie, maßgenaue Probenköpfe zu erhalten, war hierbei eine exakte Abstimmung der beim Anstauchen gewählten Werkzeug- bzw. Verfahrensparameter auf den jeweiligen Festigkeitszustand der fließgepreßten Schäfte erforderlich.

### 4.5.1 Stauchverfahren

Anstauchen des 1. Kopfes

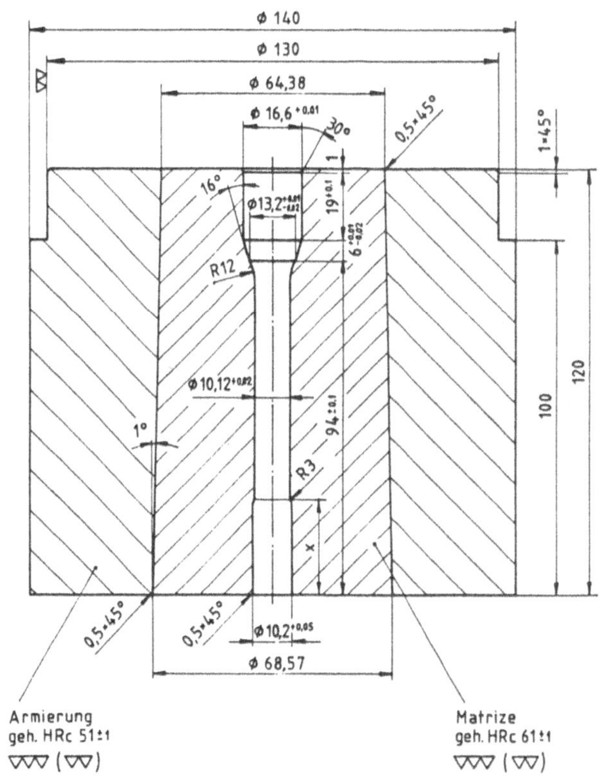


Bild 11: Anstauchmatrize für den ersten Einspannkopf.

Für das Anstauchen des ersten Einspannkopfes wurde eine ungeteilte Matrize verwendet ( Bild 11); das nach /28/ ausgelegte, einfach armierte Stauchwerkzeug mit Auswerfer ist mit dem in /17/ eingesetzten Werkzeug identisch.
Der fließgepreßte Schaft wurde mit Wollfett bestrichen in die Matrize eingelegt; die nicht geführte, d.h. freistehende Länge wird dabei durch die Geometrie des Druckstiftes bestimmt. Nach /29/ sollte das Stauchverhältnis h/d den Wert 2,3 nicht überschreiten, da sonst die Gefahr des Ausknickens besteht. Diesbezüglich erwiesen sich die fließgepreßten Sinterteile als äußerst empfindlich. Bereits eine geringe Erhöhung der zulässigen freien Stauchlänge führte zum Ausknicken und in der Folge zu Rissen im angestauchten Einspannkopf. Wurde andererseits die nicht geführte Länge durch Verwendung eines kürzeren Druckstiftes zu klein gewählt, so konnte der Kopf aufgrund des fehlenden Werkstoffvolumens nicht vollständig ausgeprägt werden. Durch gezielte Abstimmung von Druckstückgeometrie und Schaftlänge gelang es dennoch, für den Großteil der untersuchten Werkstoffzustände rißfreie, den Erfordernissen des Probeneinbaus entsprechende Einspannköpfe zu erhalten.
Der Verlauf der im Zylinderstauchversuch aufgenommenen Fließkurven ließ dabei insbesondere für das Anstauchen kaltumgeformter Teile Probleme erwarten (vgl. Abschn. 4.6). Dies bestätigte sich vor allem für die Sinterstähle Sista 30 und Sista 55. Demgegenüber war die Qualität der Probenköpfe beim Sintereisen - trotz ähnlichen Verlaufes der Fließkurve - zufriedenstellend. Das Anstauchen des ersten Einspannkopfes an die halbwarmfließgepreßten Schäfte erfolgte bei allen Versuchswerkstoffen nahezu problemlos. Hinsichtlich der Maßgenauigkeit wurden bei Sista 25 die besten Ergebnisse erzielt.

Anstauchen des 2. Kopfes

Für das Anstauchen des zweiten Kopfes war - wie in /17/ - eine längsgeteilte Matrize erforderlich, die das Einlegen des gestauchten Schaftes bzw. die Entnahme der fertigen Schwingprobe ermöglicht (Bild 12). Die Matrize wird durch vier Paßschrauben zusammengehalten; die kegelige Geometrie erlaubt das

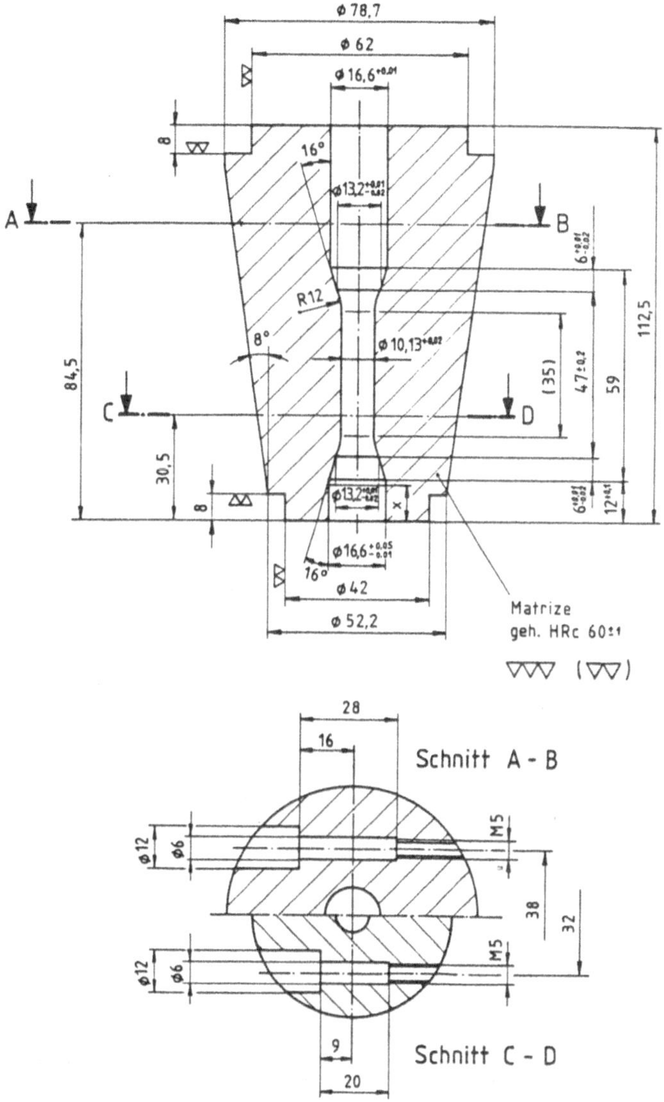


**Bild 12: Anstauchmatrize für den zweiten Einspannkopf.**

Herausdrücken des Einsatzes aus der Armierung zur Teilentnahme. Analog zur Vorgehensweise beim ersten Anstauchen wurde die freie Stauchlänge im Hinblick auf rißfreie Einspannköpfe optimiert. Dabei zeigte sich, daß das Werkstoffverhalten beim ersten Anstauchvorgang auf den zweiten übertragbar ist. Ein Einfluß der Stauchrichtung (beim 1. Kopf in, beim 2. entgegen der Preßrichtung) auf die Stauchkraft wurde nicht festgestellt.

### 4.5.2 Verfahrensgrenzen

Für die Durchführung der Schwingversuche war das Anstauchen von Einspannköpfen an die fließgepreßten Schäfte unumgänglich. Die Anwendung dieses Verfahrens unterlag jedoch bestimmten Einschränkungen, die im wesentlichen auf die begrenzte Umformbarkeit - insbesondere bei Raumtemperatur - der Sintermetalle zurückzuführen sind. Hier ergibt sich bezüglich des Umformgrades eine Unter- bzw. Obergrenze. Frühere Untersuchungen zeigen, daß (abhängig von der Ausgangsdichte) bei Vergleichsumformgraden $\varphi_V \leq 1$ Risse an der Oberfläche kaltfließgepreßter Werkstücke aus Sintermetall auftreten. Dies kann in bestimmten Fällen durch Anwendung eines Gegendruckes verhindert werden /4/. In der vorliegenden Untersuchung konnte ein derartiges Verfahren nicht angewendet werden, da die Werkstücke vollständig durch die Matrize hindurchgedrückt wurden.

Eine obere Grenze stellt die durch eine Kaltumformung bewirkte Versprödung der pulvermetallurgischen Werkstoffe dar. Die Aufnahme der Fließkurven an Proben aus kaltfließgepreßten Teilen ergab, daß bereits bei Stauchgraden $\varphi_2 \approx 0,5$ das Umformvermögen der Versuchswerkstoffe erschöpft war (Abschn. 4.6). Ähnliche Verhältnisse liegen beim Anstauchen der Einspannköpfe an die kaltumgeformten Werkstücke vor. Aus diesem Grund wurde für die Variation des Umformgrades nur ein sehr enger Bereich ($1,2 \leq \varphi \leq 1,4$) gewählt, der wegen der besseren Vergleichsmöglichkeit auch für die Halbwarmumformung beibehalten wurde. Nach Schaub /6/ ist hierbei der Umformgrad für die mechanischen Eigenschaften nach dem Fließpressen nur von untergeordneter Bedeutung.

## 4.6 Eigenschaften der umgeformten Werkstücke

Der Zustand der Sintermetalle nach dem VVFP bzw. Kopfanstauchen wird durch die Festigkeitseigenschaften und die Beschaffenheit der Oberfläche charakterisiert. Dabei ist die Veränderung des Porengehaltes durch Verdichtung ausschlaggebend für die mechanischen Kennwerte nach der Umformung. Die Eigenschaften der Oberfläche und oberflächennaher Schichten werden dagegen in erster Linie durch äußere Bedingungen bei der Umformung bestimmt (Temperatur, Schmierung, Werkzeugkontakt usw.).

### 4.6.1 Mechanische Kennwerte, Härte, Fließkurven

Zur Bestimmung der Festigkeitskennwerte wurden den kalt- bzw. halbwarmumgeformten Werkstücken Zugproben B 6 x 30 (kurze Proportionalstäbe) entnommen und nach DIN 50125 /30/ geprüft.

Bild 13 u. 14 zeigen die Meßergebnisse für zwei verschiedene Umformgrade sowie unterschiedliche Rohteiltemperaturen. Jeder Balken stellt den Mittelwert aus drei Messungen dar. Um den Einfluß des Fließpressens auf die Festigkeit, insbesondere aber auf die Zähigkeit zu verdeutlichen, wurden zwei getrennte Darstellungen gewählt. Bild 13 läßt erkennen, daß aufgrund der bei erhöhter Temperatur abfallenden Fließspannung der Festigkeitsanstieg gegenüber dem gesinterten Ausgangszustand bei Halbwarmumformung geringer ausfällt als nach der Kaltumformung. Der Einfluß des Umformgrades macht sich bei den an kaltfließgepreßten Proben ermittelten Werten etwas stärker bemerkbar. Die gegenüber dem Sinterzustand erheblich verbesserte Zähigkeit nach dem VVFP bei 700 °C kommt in Bild 14 zum Ausdruck. Qualitativ ist eine gute Übereinstimmung mit den Ergebnissen früherer Arbeiten /5,6/ festzustellen.

An fließgepreßten Proben sowie exemplarisch im Schaftbereich von Schwingproben wurden Härtemessungen durchgeführt. Es wurde das Verfahren nach Brinell angewendet, um einen Vergleich mit den Härtewerten des nicht umgeformten Sinterzustandes zu ermöglichen. Bild 15 a zeigt das an kaltfließgepreßten Proben der

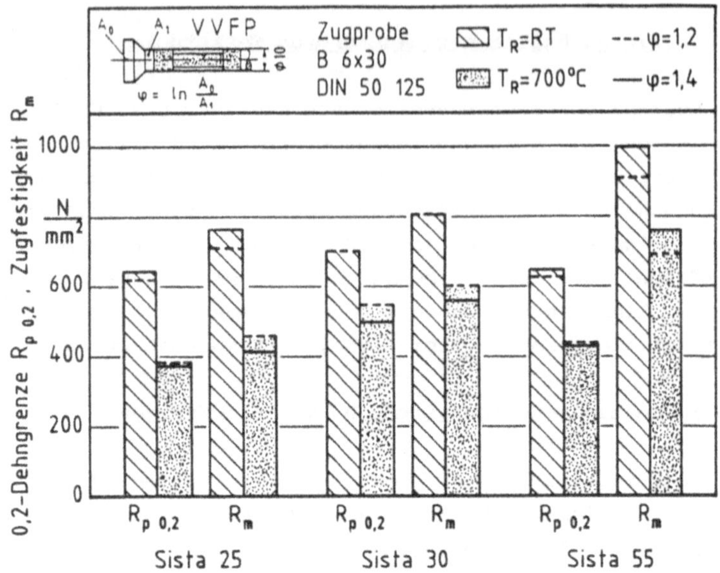


**Bild 13: Festigkeitseigenschaften nach VVFP.**

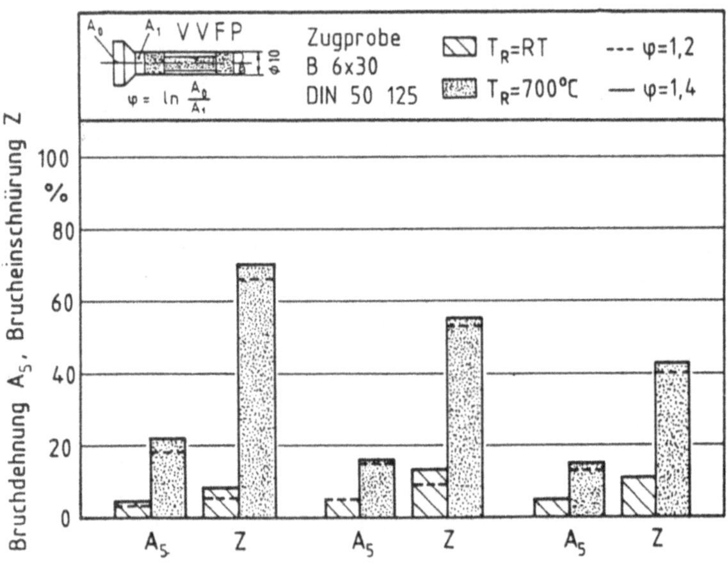


**Bild 14: Zähigkeitseigenschaften nach VVFP.**

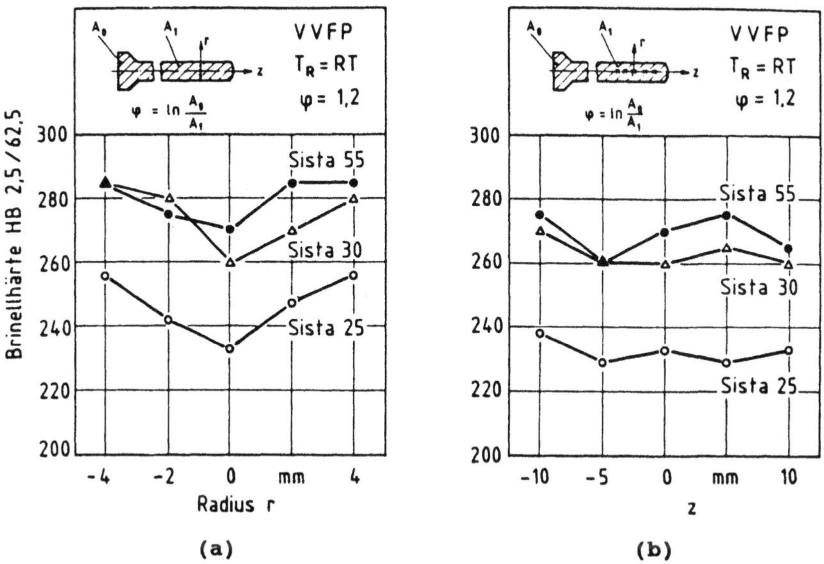


Bild 15: Härteverteilung in kaltfließgepreßten Werkstücken
(a) radial, (b) axial.

drei Versuchswerkstoffe ermittelte Härteprofil über den Querschnitt. Die Härte nimmt vom Kern zum Rand hin deutlich zu; dies weist auf die in den oberflächennahen Bereichen sehr hohe Kaltverfestigung bei der Umformung hin. Die Härteverteilung entspricht annähernd der eines kaltumgeformten konventionellen Fließpreßstahles. Bild 15 b zeigt, daß die Härtewerte in axialer Richtung annähernd konstant bleiben.

Nach der Halbwarmumformung ergibt sich generell ein gleichmäßiges Härteprofil. Unterschiede zwischen Randschicht und Kernzone der Probe sind aus den Härtemessungen nicht ableitbar (Bild 16). Wie die metallographischen Untersuchungen ergaben, ist das Gefüge in diesem Zustand teilweise bzw. vollständig rekristallisiert (s. Abschn. 4.6.2). Die über den Schaftquerschnitt homogene Härteverteilung läßt für das Anstauchen der Einspannköpfe ein im Vergleich zu den kaltfließgepreßten Teilen günstigeres Umformverhalten erwarten.

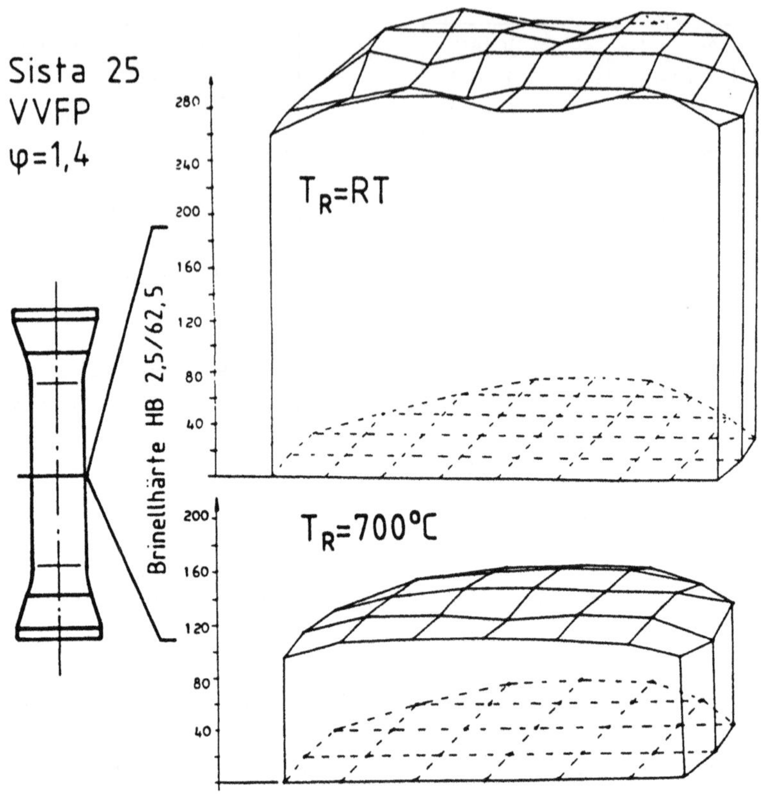


**Bild 16: Einfluß der Umformtemperatur auf das Härteprofil.**

Zur Aufnahme von Fließkurven wurden aus dem Schaft der Fließpreßteile zylindrische Proben ($d_0$ = 10 mm, $h_0$ = 16 mm) entnommen und im Stauchversuch geprüft. Bild 17 zeigt die bei Raumtemperatur aufgenommenen Fließkurven der kaltumgeformten Sintermetalle. Die mit dem Stauchvorgang verbundene Abnahme der Fließspannung läßt auf eine stetig wachsende Schädigung im Inneren der Stauchproben schließen. Es ist anzunehmen, daß die Kerbwirkung der stoffflußorientierten Poren die Entstehung von Rissen begünstigt. Bei höheren Stauchgraden traten an einigen Proben makroskopische Risse an der Oberfläche auf (Bild 18). Dies ist vermutlich auf die über den Querschnitt der fließgepreßten Werkstücke inhomogene Verfestigung zurückzuführen. Die

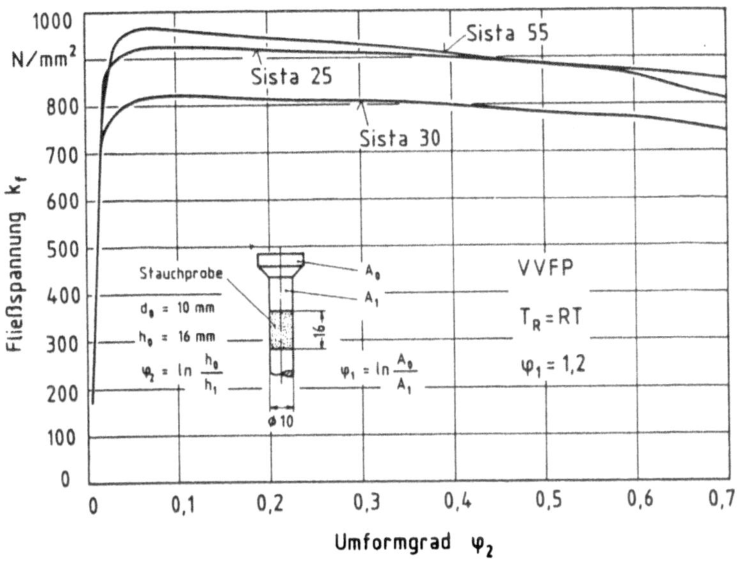


**Bild 17: Fließkurven der Sintermetalle nach VVFP ($\varphi$ = 1,2).**

**Sista 25 Sista 30 Sista 55**

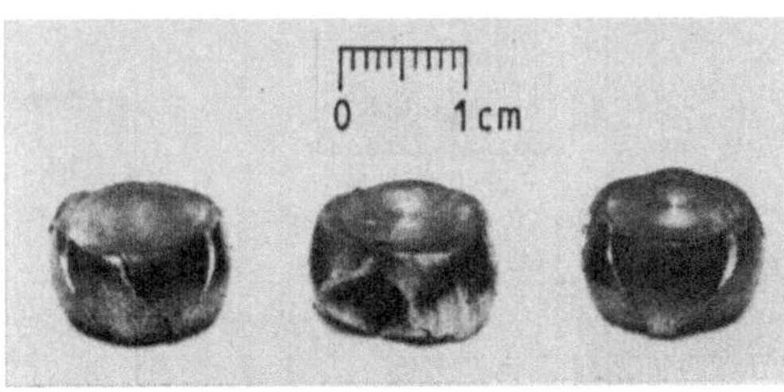


**Bild 18: Rißbildung an gestauchten Proben ($T_R$ = RT).**

gegenüber dem Kernbereich höher verfestigte und damit sprödere Randschicht wirkt sich insbesondere nachteilig auf das zur Herstellung der Schwingproben erforderliche Anstauchen von Einspannköpfen aus (s. Abschn. 4.5). Die abfallende Tendenz der Fließkurven nimmt mit steigendem Umformgrad ($\varphi_1$) zu (Bild 19).

Demgegenüber weist der Verlauf der Fließkurven für den halbwarmumgeformten Zustand auf eine ausreichende Umformbarkeit der Sintermetalle hin. In den weit auseinander liegenden Kurven kommt die werkstoffabhängige Erniedrigung der Fließspannung bei erhöhten Temperaturen zum Ausdruck (Bild 20). Die Stauchproben zeigten in diesem Fall (Ausnahme: Sista 55) eine glatte, rißfreie Oberfläche (Bild 21). Dies korreliert mit dem weitgehend problemlosen Anstauchen der Einspannköpfe an die halbwarmumgeformten Fließpreßschäfte.

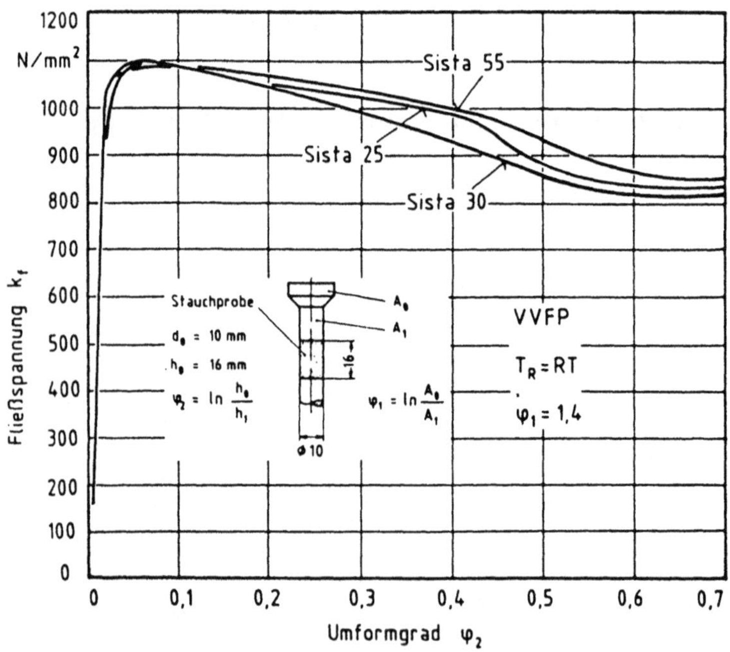


**Bild 19: Einfluß des Umformgrades auf den Fließkurvenverlauf.**

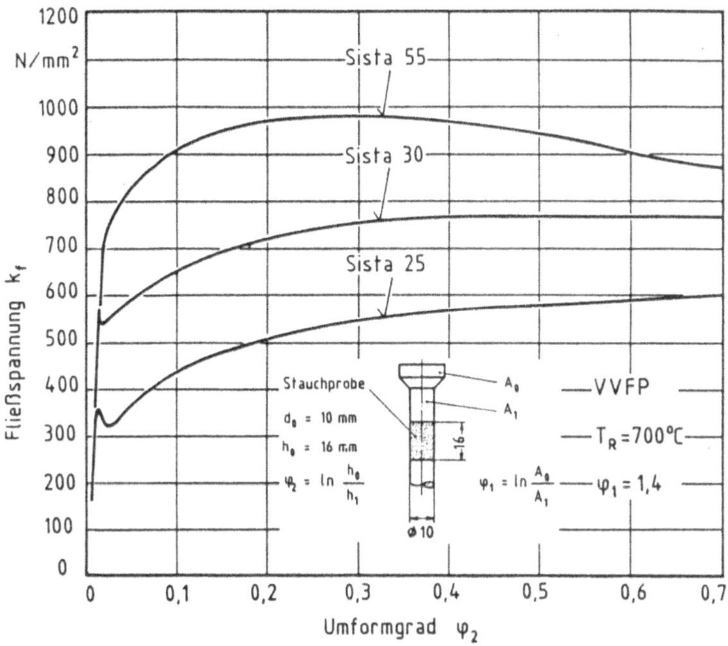


**Bild 20: Fließkurven halbwarmfließgepreßter Sintermetalle.**

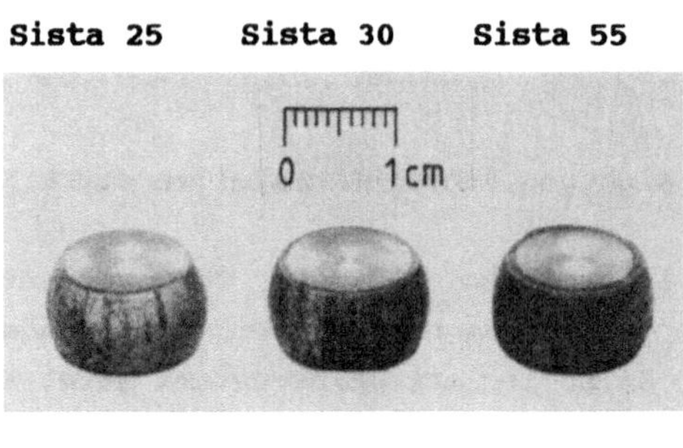


**Bild 21: Stauchproben aus halbwarmumgeformten Fließpreßteilen.**

### 4.6.2 Dichte, Porosität

Neben der Verfestigung ist die Verdichtung der porenbehafteten Sintermetalle von großer Bedeutung für die mechanischen Eigenschaften der umgeformten Werkstücke. Bild 22 zeigt die drastische Reduzierung des Restporengehaltes durch Kaltfließpressen. Die noch verbleibenden Poren werden dabei in Preßrichtung stark verformt und orientiert, der Volumengehalt ist in der Randschicht niedriger als in der Probenmitte.

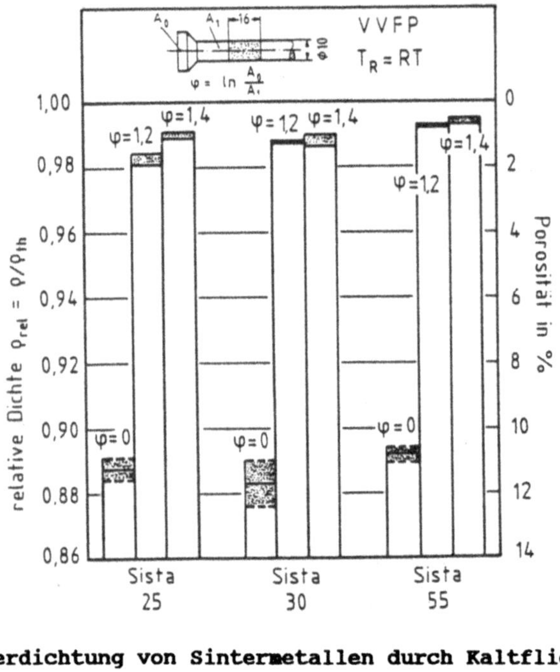


Bild 22: Verdichtung von Sintermetallen durch Kaltfließpressen.

Durch das Fließpressen bei 700 °C werden Verdichtungen erreicht, wie sie sonst nur beim Pulverschmieden erzielt werden können. Der Ni,Mo-legierte Sinterstahl zeigt als Werkstoff mit der geringsten Porosität im Lieferzustand auch nach der Halbwarmumformung die höchsten Dichtewerte (P ≤ 0,5 %). Eine Erhöhung des Umformgrades führt hier zu keiner weiteren Verringerung des Porengehaltes (Bild 23).

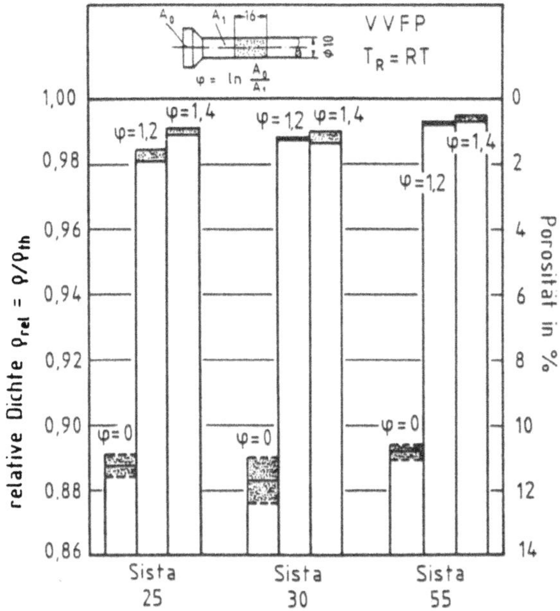


**Bild 23: Verdichtung von Sintermetallen durch VVFP bei 700 °C.**

(a)

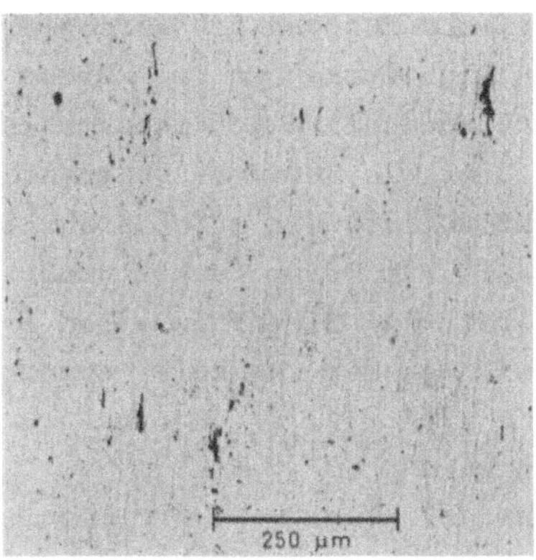


(b)

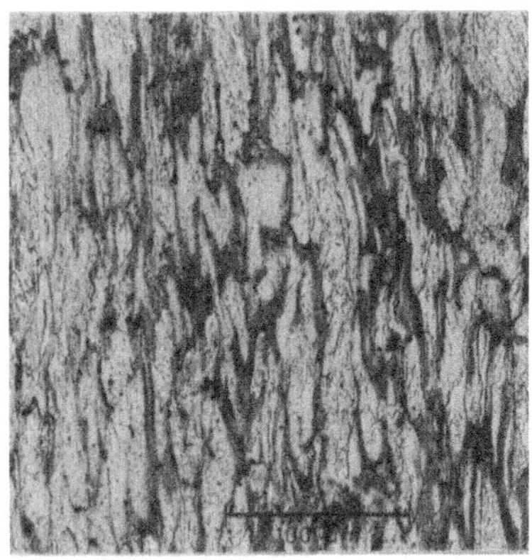

**Bild 24: Gefüge nach dem Kaltfließpressen (φ = 1,2);**
**(a) ungeätzt, (b) nach Anätzen mit Nital**

Bild 24 zeigt die nach VVFP bei RT stoffflußorientierten, in Preßrichtung gestreckten Restporen. Im angeätzten Längsschliff kommt die Verformung der Teilchen bzw. Körner zum Ausdruck.

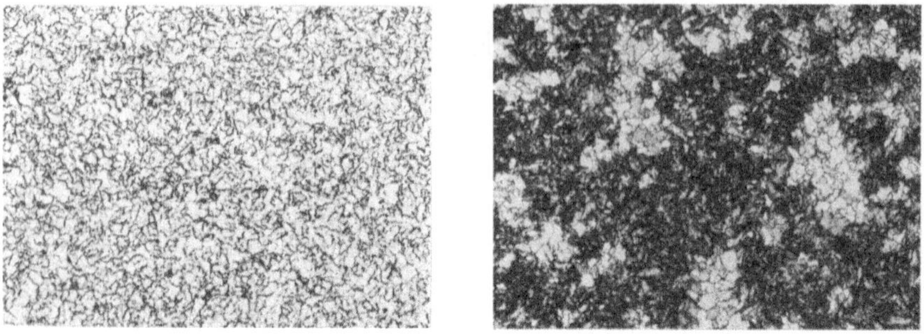

Sista 25    100 µm    Sista 30

**Bild 25: Gefüge von halbwarmumgeformten Sintermetallen ($\varphi=1,4$)**

Die Gegenüberstellung zweier Schliffaufnahmen im halbwarmfließgepreßten Zustand läßt, je nach Werkstoff, ein teilweise oder vollständig rekristallisiertes Gefüge erkennen (Bild 25).

### 4.6.3 Oberflächenbeschaffenheit

Zur Charakterisierung der Oberflächenfeingestalt dienen die in der DIN 4768 /31/ festgelegten Rauheitskennwerte. Diese sind jedoch für pulvermetallurgisch hergestellte Werkstücke nur mit Einschränkungen anwendbar, da hier die Meßwerte hauptsächlich durch die vom Tastdiamanten nicht vollständig erfaßbaren tiefen Oberflächenporen bestimmt werden. Für eine funktionsgerechte Beurteilung der Oberflächenqualität von Sinterbauteilen ist es daher zweckmäßig, zur Beschreibung der Rauheit Kenngrößen heranzuziehen, wie sie in der DIN 4776 /32/ für Kontaktoberflächen des Maschinenbaus definiert werden (Bild 26).
Diese Rauheitskennwerte sind aus der Abbott- Kurve abgeleitet und kennzeichnen Tiefe und Charakter des Rauheitsprofiles. Von besonderer Bedeutung für gesinterte Werkstücke sind die Kernrauhtiefe $R_K$ und die sog. reduzierte Spitzenhöhe $R_{pK}$. Mit Hilfe dieser Kenngrößen wird die bisher in der Pulvermetallurgie übliche qualitative Bewertung von Oberflächen (sinterglatt, kalibriert, sinterschmiedeglatt etc.) durch eine quantitative Beschreibung ersetzt /33/.

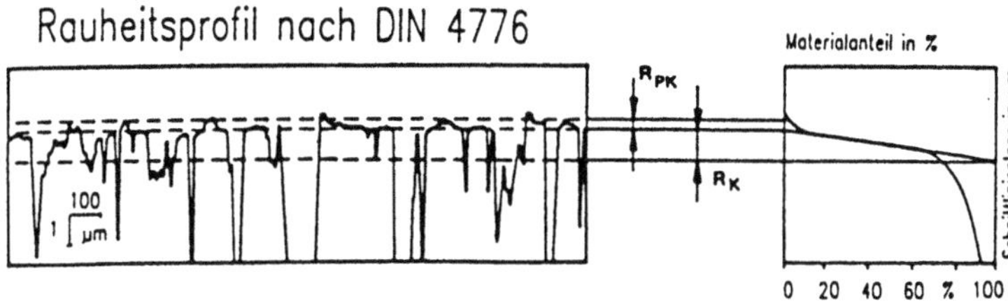


**Bild 26: Rauheitskennwerte für Sinterwerkstoffe /33/.**

Zur Erfassung der Oberflächenbeschaffenheit der Versuchswerkstoffe wurden sowohl an den gesinterten Vorformen als auch an den fließgpreßten Werkstücken Rauheitsmessungen nach DIN 4768 durchgeführt. Es wurde ein nach dem Tastschnittverfahren arbeitendes Meß- und Auswertegerät des Typs Hommel T20 verwendet. Die Taststrecke betrug jeweils 4 mm. Pro Werkstück wurden 5 Einzelmessungen in Umfangsrichtung vorgenommen. Zusätzlich zu den ausgegebenen Rauheitswerten $R_a$ und $R_{ZDIN}$ wurden die Kenngrößen $R_K$ und $R_{pK}$ aus der Abbott-Kurve ermittelt.

Die Auswertung ergab für den gesinterten Ausgangszustand werkstoffabhängig unterschiedliche, z.T. von den für gesinterte Werkstoffe typischen Rauheitswerten abweichende Werte. Vermutlich ist dies herstellungsbedingt, denn die Rauheit der Mantelfläche der zylindrischen Vorformen wird vor allem durch die formgebende Matrize beim Pulververdichten bestimmt (Bild 27).

Nach dem Kaltfließpressen wiesen die Werkstücke unabhängig vom verwendeten Werkstoff etwa gleiche Rauheitswerte auf (Bild 28). Die gegenüber dem Sinterzustand deutlich niedrigeren Kenngrößen sind mit Werten vergleichbar, wie sie häufig bei nachkalibrierten Sinterformteilen gemessen werden /34/. Trotz makroskopisch glatt aussehender Oberflächen der halbwarmumgeformten Werkstükke war es meßtechnisch nicht möglich, analog Rauheitswerte zu ermitteln. Bedingt durch die Schmierung bei der Umformung bei 700°C wurde der Tastdiamant in kürzester Zeit unbrauchbar, so daß keine genaueren Angaben über die Rauheit der Oberflächen nach der Halbwarmumformung gemacht werden können. Es ist zu vermuten, daß die Oberflächenqualität der kaltumgeformten Werkstücke nicht erreicht wird.

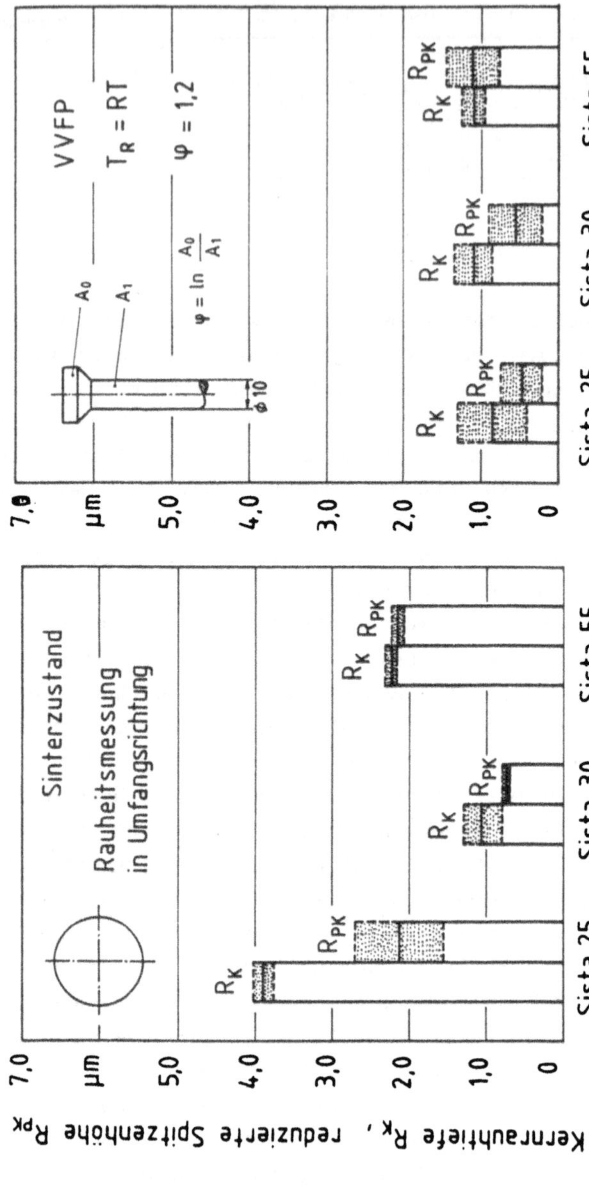


**Bild 27: Einfluß des VVFP auf die Rauheitswerte.**

# 5 ERMÜDUNGSUNTERSUCHUNGEN

## 5.1 Hysteresemeßverfahren

Werkstoffermüdung ist die Folge einer periodisch wiederkehrenden, wechselnden oder schwellenden dynamischen Beanspruchung. Sie entsteht durch mikrostrukturelle Veränderungen, die schon bei Belastungen weit unterhalb der makroskopischen Fließgrenze zu einer deutlichen Abnahme der Festigkeit führen und die Lebensdauer eines schwingend beanspruchten Bauteils erheblich verkürzen können /35/. Die Aufnahme von Wöhlerkurven nach DIN 50 100 /36/ ermöglicht Aussagen über die Ertragbarkeit definierter Last- bzw. Spannungsamplituden bis zum Versagen durch Bruch. Dieses Verfahren bildet daher die Grundlage für die Bewertung der Versagenssicherheit von Bauteilen sowie für eine Reihe unterschiedlicher Schadenskonzepte (z.B. Schadensakkumulationshypothesen). Aus dem Verlauf der Wöhlerkurve lassen sich jedoch keine Aussagen über die einzelnen Phasen der Ermüdung (anrißfreie Phase - Rißeinleitung - Rißausbreitung) ableiten. Ebenfalls nicht erkennbar sind Art und Größe der Änderung mechanischer Eigenschaften infolge zyklischer Beanspruchung.

Diese Informationslücke wird durch das Hysteresemeßverfahren geschlossen. Das zugrundeliegende Meßprinzip sowie die Möglichkeiten der Auswertung gewonnener Meßdaten sind in Bild 28 dargestellt. Durch zyklische Beanspruchung werden im Werkstoff mit zunehmender Schwingspielzahl bleibende (irreversible) plastische Dehnungen hervorgerufen. Trägt man die gewählte Last bzw. Spannung über der resultierenden Dehnung auf, so ergibt sich infolge der Abweichung vom linear-elastischen Werkstoffverhalten eine Kurve in Form einer Hystereseschleife. Kenngrößen dieser Hysterese sind die Spannungsamplitude $\sigma_a$ , die als plastische Dehnungsamplitude bezeichnete halbe Hysteresebreite $\varepsilon_{ar}$ sowie die halbe Gesamtdehnungsschwingbreite, d.h. die Totaldehnungsamplitude $\varepsilon_{at}$. Versuchstechnisch läßt sich jeweils eine dieser Größen konstanthalten; häufig wird die Spannungs- oder die Totaldehnungsamplitude als kontrollierender Parameter gewählt .

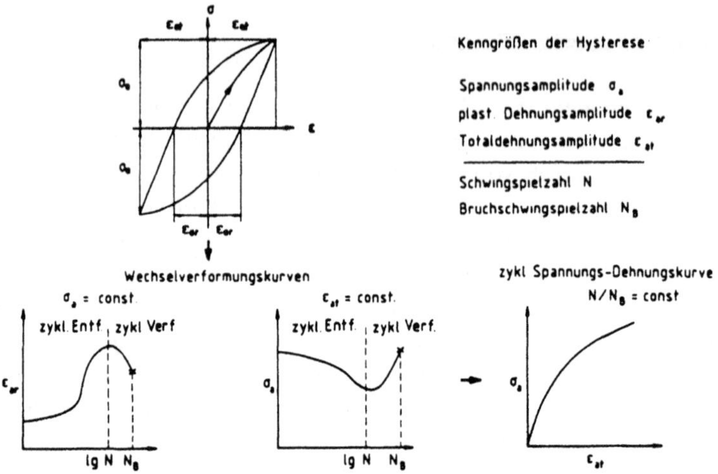


Bild 28: Grundlagen des Hysteresemeßverfahrens.

Die aus der spannungs- bzw. dehnungskontrollierten Versuchsführung resultierenden $\varepsilon_{ar}$- bzw. $\sigma_a$-Werte ergeben, aufgetragen über der logarithmischen Schwingspielzahl N, die Wechselverformungskurven (WVK). Sie lassen erkennen, ob die Festigkeit des Werkstoffes während der dynamischen Beanspruchung abnimmt (Abnahme von $\sigma_a$, Zunahme von $\varepsilon_{ar}$), zunimmt (Zunahme von $\sigma_a$, Abnahme von $\varepsilon_{ar}$) oder unverändert bleibt.
Im erstgenannten Fall liegt eine zyklische Entfestigung vor. Dieses Verhalten wird bei vielen Werkstoffzuständen beobachtet. Beispiele für typische Vertreter dieser Gruppe sind Stähle im vergüteten Zustand (z.B. 42 CrMo 4, Ck 45), aber auch warmausgehärtete Legierungen wie z.B. AlCuMg 2 sowie PM-Stähle des Typs Fe-Cu-C. Zu den Werkstoffen, die unter schwingender Beanspruchung verfestigen, gehören weichgeglühte Stähle, Aluminium bzw. nicht aushärtbare Al-Legierungen und kohlenstoffarme Fe-Cu-Ni Sinterstähle /37/. Auch Mischformen des Ermüdungsverhaltens, d.h. aufeinanderfolgende Phasen der Ent- und Verfestigung, sind bekannt. Die dritte Form des Werkstoffverhaltens unter dynamischer Beanspruchung wird als quasi-elastisch bezeichnet. Hierbei ändert sich die Spannungs- bzw. Dehnungs-

amplitude während der zyklischen Beanspruchung nicht; der Bruch erfolgt ohne makroskopisch sichtbare plastische Vorverformung. Bleiben die $\sigma_a$- bzw. $\varepsilon_{ar}$-Werte nach anfänglicher Ent- oder/und Verfestigung über einen größeren Schwingspielbereich konstant, so spricht man von Sättigung. Das Ermüdungsverhalten ist jedoch keine Kenngröße, sondern hängt von verschiedenen Einflußfaktoren ab, wie z.B.

- Werkstoffzusammensetzung
- Festigkeitszustand (Wärmebehandlung, Vorverformung)
- Umgebungsbedingungen (Korrosion)
- Art und Höhe der zyklischen Beanspruchung

Die Zusammenfassung der aus Versuchen mit verschiedenen Spannungs- bzw. Dehnungsamplituden gewonnenen Ergebnisse kann im zyklischen Spannungs- Dehnungs-Diagramm (ZSD) dargestellt werden. Aufgrund einer von Morrow und Tuler /38/ vorgeschlagenen Konvention werden hierbei jeweils die bei halber Bruchschwingspielzahl $N_B$ ermittelten Wertepaare eingetragen. Unter bestimmten Voraussetzungen kann mit Hilfe eines anderen Verfahrens, dem Incremental Step Test, die zyklische Spannungs-Dehnungs-Kurve mit einer einzigen Probe bestimmt werden /39/. Dies konnte jedoch versuchstechnisch nicht realisiert werden.

## 5.2 Aufbau der Schwingprüfanlage

Für die Ermüdungsversuche stand eine servohydraulische Schwingprüfmaschine mit Steuer- und Regelelektronik (Modell INSTRON 3043) zur Verfügung. Bild 29 zeigt die Maschine mit eingebauter Schwingprobe und dem am Probenschaft sitzenden Dehnungsaufnehmer sowie die zugehörige Steuer- und Regeleinheit. Die für die Erfassung, Speicherung und Weiterverarbeitung der Meßdaten erforderliche Geräteperipherie ist in Bild 30 dargestellt. Bild 31 gibt einen Überblick über den Regelkreis und den Datenfluß im Gesamtsystem.

**Bild 29: Servohydraulischer Schwingprüfstand.**

**Bild 30: Meßgeräteaufbau.**

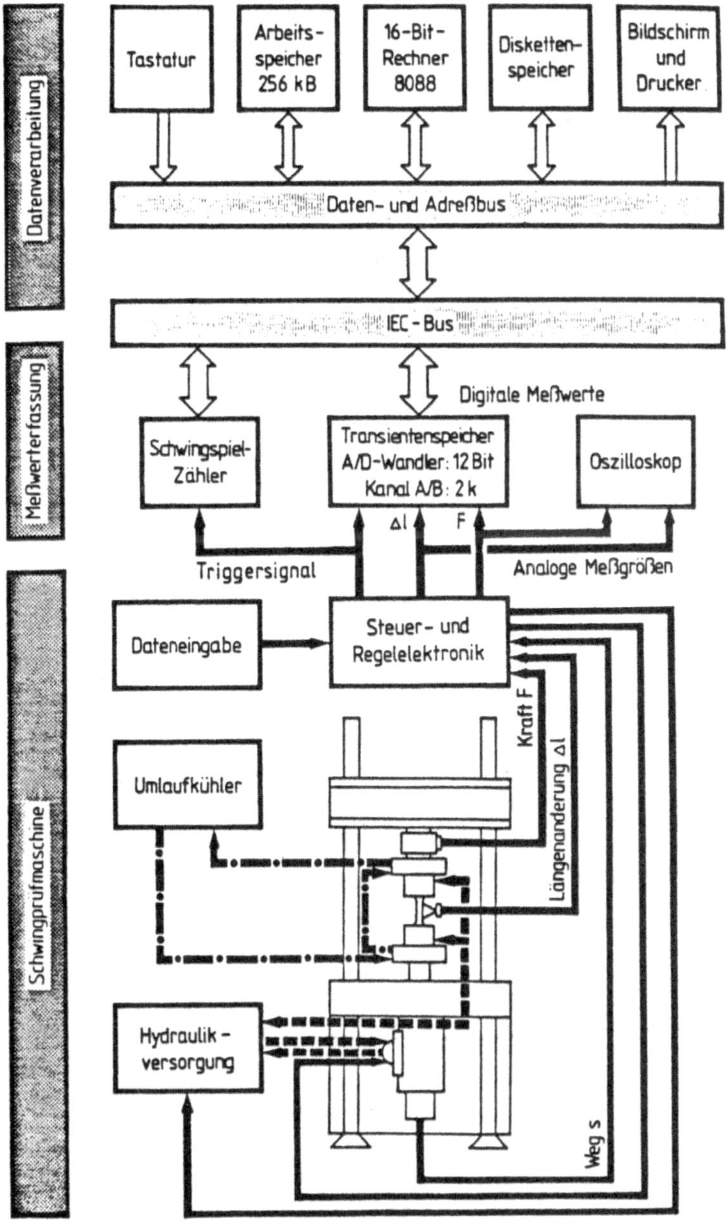


**ld 31: Versuchsaufbau (nach /17/).**

An der Steuerkonsole der über ein Hydraulikaggregat versorgten Prüfmaschine werden die gewünschten Sollwerte (Last, Dehnung) eingestellt und in den Regelkreis eingespeist. Während des Versuches wird die Last mittels einer Kraftmeßdose registriert; die Messung der Längenänderung an der Probe erfolgt über einen Dehnungsaufnehmer auf DMS-Basis. Abweichungen beim Soll-/Istwertvergleich der gewählten Regelgröße werden über die Servo-Hydraulik durch Nachfahren des unteren, beweglichen Arbeitskolbens kompensiert. Die analogen Meßdaten werden über einen Mehrkanal-Transientenspeicher erfaßt, mittels A/D-Wandler digitalisiert und über eine Schnittstelle an einen Personal Computer weitergeleitet. Der Rechner übernimmt mit Hilfe intern entwickelter FORTRAN-Programme sowohl die Steuerung des Meßablaufes als auch die Weiterverarbeitung der anfallenden Meßdaten. Auf die aus sequentiell abarbeitbaren Modulen aufgebaute Programmsoftware wird hier nicht näher eingegangen, eine ausführliche Darstellung mit Flußdiagrammen ist in der Arbeit von Schwab zu finden /17/.
Zur Geräteperipherie gehören ferner ein Schwingspielzähler, der das Triggersignal zum Einlesen der Meßdaten in den Transientenspeicher liefert sowie ein Oszilloskop zur optischen Überwachung des Ermüdungsgeschehens während des Versuches. Ein Umlaufkühlaggregat sorgt für die Wasserkühlung der Spannkolben; damit wird eine Erwärmung der Schwingproben verhindert.

## 5.3 Durchführung der Schwingversuche

Es wurden sowohl kraft- bzw. spannungskontrollierte als auch gesamtdehnungskontrollierte Schwingversuche mit einstufiger, axialer Zug/-Druckbeanspruchung im Wechselbereich sowie exemplarisch im Zugschwellbereich durchgeführt. Aufgrund der Verwendung porenbehafteter Werkstücke war es notwendig, die von Schwab /17/ bei der Ermüdungsuntersuchung an bauteilähnlichen Schwingproben aus konventionellen Fließpreßstählen konzipierte Vorgehensweise den geänderten Bedingungen anzupassen.

Hierzu wurde die Anlage mit einer Kraftmeßdose geringerer Kapazität ($F_a$ = ± 100 kN) ausgerüstet. Dies erschien aus zwei Gründen sinnvoll: zum einen ist dieser Bereich für einen Probenquerschnitt mit 10 mm Durchmesser selbst bei einer angenommenen Streckgrenze $R_{p0,2}$ von 1000 N/mm$^2$ ausreichend; zum anderen ist es von Vorteil, für die Schwingversuche an nicht umgeformten Proben im Sinterzustand die Regelgenauigkeit zu erhöhen, um vorzeitigen Bruch aufgrund zu großer Regelschwankungen zu vermeiden. Da die Einstellung bzw. die Anzeige der Soll- und Istwerte in Prozent des jeweiligen Maximalbereiches erfolgt (Beispiel Last: 100 % = 100 kN), ist eine genauere Eingabe und Messung der Spannungsamplitude möglich.

Die Prüfmaschine ist mit zwei hydraulischen Spannköpfen bestückt, die jeweils eine Aufnahmeplatte mit kegeligem Durchbruch besitzen. Zum Einbau werden die Schwingproben mit Hilfe spezieller Spannzangen mit halbschalenförmigen Elementen an den angestauchten Einspannköpfen in die Aufnahmeplatten eingehängt. Mittels einer Handpumpenvorrichtung, die aus einem Speicher Druckflüssigkeit in die hydraulischen Spannköpfe gelangen läßt, werden die Proben über einen Druckübersetzer durch einen Stempel formschlüssig in die Halbschalenelemente der Spannzangen gedrückt. Zwischen Druckstempel und Probenkopf eingelegte Distanzstücke verhindern, daß die Spannelemente durch ungewollte Belastungsspitzen während des Versuches beschädigt werden. Die Maschine befindet sich bei der Fixierung der Schwingproben in Lastregelung, so daß auf den Schaftquerschnitt keine Kraft übertragen wird.

Zur Messung der Längenänderung wird der Dehnungsaufnehmer mittels zweier Zugfedern im Mittenbereich des Probenschaftes angeklemmt. Die Meßlänge zwischen den mit definierter Kraft anliegenden Meßschneiden betrug 15 mm. Für die Eichung wurde die maximale Auslenkung im Linearitätsbereich des Dehnungsaufnehmers zugrundegelegt (± 0,4 mm); damit waren Dehnungen im Bereich von ± 2,7 % erfaßbar. Die Auflösungsgenauigkeit entsprach mit 0,02 ‰ der Genauigkeit der Soll/Istwert-Anzeige an der Steuerkonsole.

Am dynamischen Funktionsgenerator wurde eine dreieckförmige Beanspruchungsfunktion eingestellt; dies entspricht einer konstanten Spannungs- bzw. Dehnungsanstiegsgeschwindigkeit während der zyklischen Belastung. Die Versuchsfrequenz wurde in der überwiegenden Zahl der Fälle auf 5 Hz festgelegt. Versuche mit hohen Spannungs- oder Dehnungsamplituden wurden mit 1 oder 2 Hz durchgeführt, um eine Erwärmung der Proben zu unterdrücken und - insbesondere bei den nicht umgeformten Schwingproben - vorzeitiges Versagen durch Bruch aufgrund unkontrollierter Rißausbreitung zu vermeiden. Bei niedrigen Belastungsamplituden im Bereich hoher Schwingspielzahlen, d.h. nahe dem Dauerfestigkeitsgebiet, hat die Frequenz keinen signifikanten Einfluß auf das Wechselverformungsverhalten /40/; sie wurde in diesen Fällen auf 10 Hz erhöht, um die Versuchsdauer zu begrenzen.

Die Steuer- und Regeleinheit der Schwingprüfmaschine ist mit einem Spitzenwertregler ausgestattet. Dieser tritt in Funktion, wenn aufgrund plötzlicher Steifigkeitsänderungen der Probe (z.B. bei hohen Belastungsamplituden oder generell kurz vor dem Bruch) eine schnelle Nachregelung erforderlich wird. Die Aktivierung dieses Controllers ist allerdings erst durch Umschalten <u>nach</u> Versuchsbeginn möglich. Berücksichtigt man eine Zeitspanne von etwa 2 bis 3 Sekunden bis zur Übernahme der Kontrollfunktion durch den Spitzenwertregler, so ist die Auswertung der ersten Belastungszyklen mit Unsicherheiten behaftet. Dies ist jedoch für niedrige Spannungsamplituden nahe der Dauerfestigkeit vernachlässigbar, da in diesen Fällen meßbare $\varepsilon_{ar}$-Werte bzw. Hysteresekurven an der untersten Auflösungsgrenze liegen (vgl. Kap. 6).

In den Schwingversuchen wurden die Proben bis zum Bruch geprüft. Eine Ausnahme bildete die Prüfung der aus halbwarmfließgepreßten Werkstücken hergestellten Schwingproben. Hier war die Duktilität des umgeformten Sinterwerkstoffes so hoch, daß bei dehnungskontrollierter Versuchsführung trotz der z.T. deutlich sichtbaren Risse an der Probenoberfläche kein Bruch erfolgte. Derartige Proben wurden erst beim Abschalten der Hydraulikversorgung vollständig getrennt.

### 5.4 Erfassung, Verarbeitung und Auswertung der Meßdaten

Während der zyklischen Beanspruchung werden die Größen Kraft (bzw. Spannung bei Annahme eines konstanten Prüfquerschnittes) und Längenänderung zeitsynchron mit einer frequenzabhängigen, vom Steuerprogramm am Transientenspeicher eingestellten Abfolge gemessen und im Rechner zwischengespeichert. Pro Hystereseschleife werden etwa 120 Wertepaare aufgenommen. Die sich durch Mittelwertbildung über 6 bis 8 Schwingspiele ergebenden Meßwerte werden abgespeichert; dieser Vorgang erfolgt zehnmal innerhalb einer Schwingspieldekade. Übersteigt die Änderung einer Meßgröße innerhalb weniger Zyklen einen im Programm vorgegebenen Grenzwert, so wird die Anzahl der Messungen erhöht. Auf diese Weise lassen sich plötzliche Veränderungen im Wechselverformungsverhalten, beispielsweise bei einsetzender Rißausbreitung, miterfassen.
Eine zusätzliche Kontrollmöglichkeit wurde durch die Erstellung eines FORTRAN-Programmes geschaffen, das die kontinuierliche Ausgabe der im Abstand von ca. 50 Schwingspielen ermittelten Hysteresedaten auf den Bildschirm ermöglicht. So können Störungen im Versuchsablauf oder durch unsachgemäße Hantierung beim Probeneinbau bedingte Meßfehler frühzeitig erkannt und korrigiert werden.

Die Ausgabe der Meßergebnisse erfolgte tabellarisch sowie in Form von Wechselverformungskurven (bzw. zusätzlich Mitteldehnungskurven bei Schwellbeanspruchung) über den Bildschirm und einen Matrixdrucker. Durch Abänderung eines vorhandenen PLOT-Programmes war es möglich, bereits ab etwa 10 Schwingspielen Einzelhysteresen auszugeben. Die Veränderung der Hystereseschleife (z.B. Gestalt, Verschiebung, Neigungswinkel) ist ein wichtiges Kriterium zur Beurteilung des Ermüdungsverhaltens und erlaubt z.B. Rückschlüsse auf die Entstehung und Ausbreitung von Makrorissen (s. Abschn. 6.2.2). Dies ist bei (umgeformten) Sintermetallen aufgrund des Einflusses der Restporosität auf das Rißwachstum von besonderer Bedeutung.

# 6 VERSUCHSERGEBNISSE

Die Auswertung der Ergebnisse der Schwingversuche, der Ermittlung der mechanischen Eigenschaften sowie der fraktographischen bzw. metallographischen Untersuchungen führen zu der Erkenntnis, daß das Ermüdungsverhalten von Sintermetallen sowohl im nicht umgeformten als auch im kalt- bzw. halbwarmumgeformten Zustand durch eine Vielzahl von Einflußgrößen bestimmt wird. Bedingt durch die sehr unterschiedliche, aber in jedem Fall vorhandene Restporosität sind die Zusammenhänge teilweise sehr komplex. Die in Abschn. 5.1 genannten Einflußfaktoren auf das Ermüdungsverhalten von Werkstoffen gelten auch für die untersuchten Sintermetalle auf Fe-Basis, ihre Wirkung wird jedoch aufgrund der Poren noch verstärkt. Dies gilt insbesondere für den Einfluß der Art und Höhe einer zyklischen Beanspruchung. Die verschiedenen Faktoren lassen sich grob in werkstoffbedingte, fertigungsbedingte und beanspruchungsbedingte Einflüsse untergliedern (Bild 32).

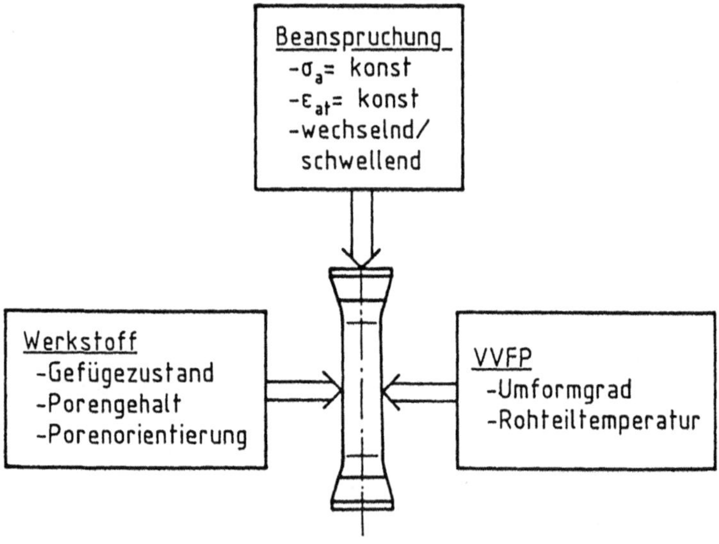


Bild 32: Einflüsse auf das Ermüdungsverhalten von Sintermetallen.

Qualitative und quantitative Aussagen über den Einfluß einer Umformung auf das Ermüdungsverhalten von Sintermetallen sind nur möglich, wenn dieses für den nicht umgeformten Ausgangszustand bekannt und beschreibbar ist.
In den folgenden Abschnitten soll daher zunächst das Wechselverformungsverhalten der Versuchswerkstoffe im Sinterzustand anhand der aus den Hysteresemessungen erstellten Wechselverformungskurven sowie ergänzend durch Wöhlerkurven dokumentiert werden. Anschließend wird die Veränderung durch VVFP bei Raumtemperatur bzw. im Temperaturbereich der Halbwarmumformung aufgezeigt und der Einfluß des Umformgrades verdeutlicht. Exemplarisch wird die Auswirkung überlagerter positiver Mittelspannungen dargestellt. Eine Zusammenfassung der Meßergebnisse erfolgt im Zyklischen Spannungs-Dehnungs-Diagramm bzw. im Wöhlerschaubild.

## 6.1 Ermüdungsverhalten im nicht umgeformten Sinterzustand

Die Ergebnisse aus den Schwingversuchen werden durch die bei spannungs- und totaldehnungskontrollierter Versuchsführung aufgenommenen Wechselverformungskurven (WVK) repräsentiert. Pro Kurve wurden bis zu drei Proben bis zum Bruch geprüft. Dabei ist zu beachten, daß die Möglichkeit der Wiederholung eines Versuches mit exakt der gleichen Spannungs- bzw. Dehnungsamplitude nicht gegeben war. Aufgrund der porositätsbedingten Steifigkeitsänderungen der Proben während der zyklischen Belastung ergaben sich bei gleicher Sollwerteinstellung für die Istwerte Abweichungen von etwa 2 %. Dies hatte jedoch auf die Tendenz des Kurvenverlaufes keinen Einfluß.

### 6.1.1 Wechselverformungskurven

In Bild 33 und 34 sind die in spannungskontrollierten Versuchen aufgenommenen Wechselverformungskurven für die drei Versuchswerkstoffe dargestellt. Für niedrige Spannungsamplituden nahe der Dauerfestigkeit ergaben sich z.T. gerade noch auflösbare

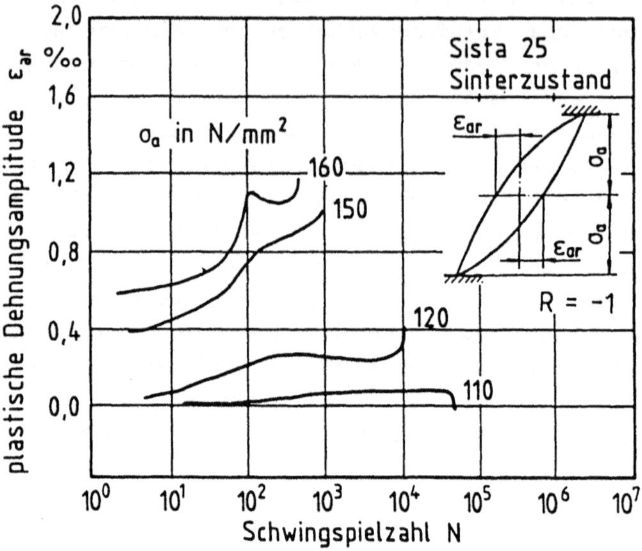


Bild 33: Wechselverformungskurven von Sintereisen im nicht umgeformten Ausgangszustand (spannungskontr. Versuch).

plastische Dehnungsamplituden von etwa 0,02 bis 0,1 ‰, d.h. es überwiegt quasi-elastische Verformung bis zum Bruch; die Schwingproben versagen schlagartig ohne makroskopisch erkennbare Anzeichen einer Einschnürung. Bei mittleren Beanspruchungsamplituden weisen die Kurven für Sista 25 bzw. Sista 30 nach einem leichten Anstieg zu Beginn der Schwingbelastung Bereiche mit nahezu konstanter Dehnungsamplitude auf (Sättigungsgebiet), an die sich unterschiedlich ausgeprägte Phasen zyklischer Entfestigung anschließen. Der mehrfach legierte Sinterstahl Sista 55 zeigt dagegen zunächst eine leichte Abnahme der $\varepsilon_{ar}$-Werte, d.h. der Werkstoff tendiert zu einer schwach ausgeprägten Wechselverfestigung; für hohe Spannungsamplituden ist das Wechselverformungsverhalten durch einen starken Anstieg der plastischen Dehnungsamplitude gekennzeichnet. Die Auswertung einiger vergleichbarer Versuche mit hoher Beanspruchung läßt jedoch darauf schließen, daß hierbei aufgrund der vorhandenen Poren rasch wachsende Risse zu nicht mehr geschlossenen Hysterese-

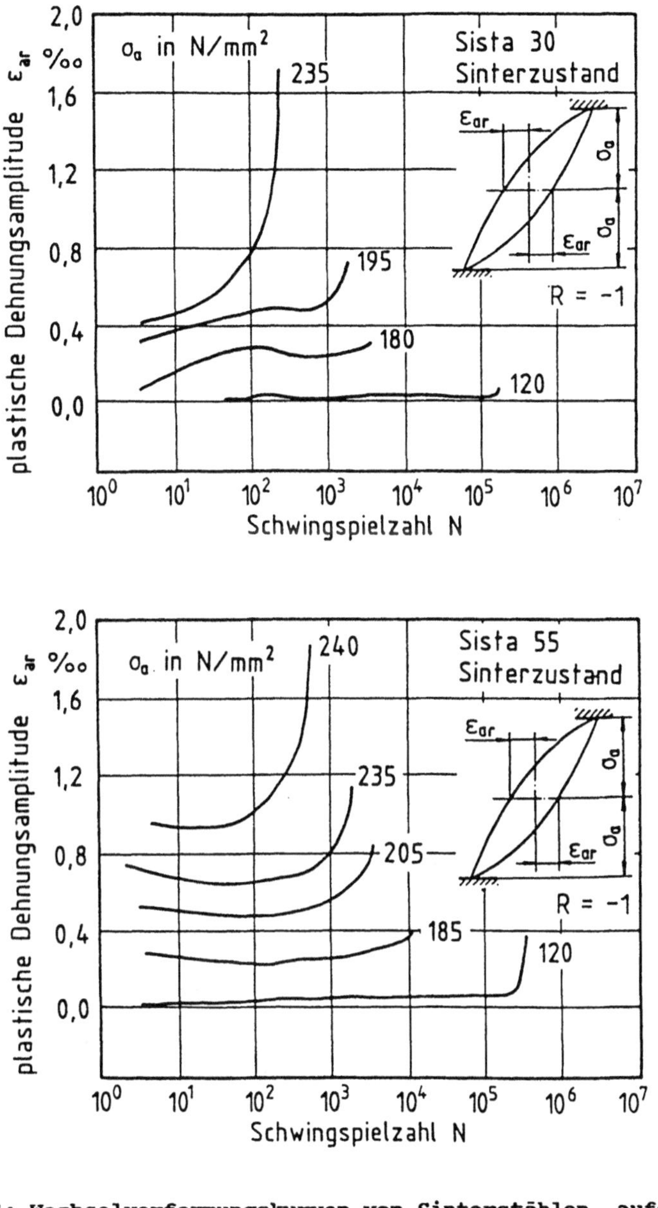


**Bild 34: Wechselverformungskurven von Sinterstählen, aufgenommen im spannungskontrollierten Versuch.**

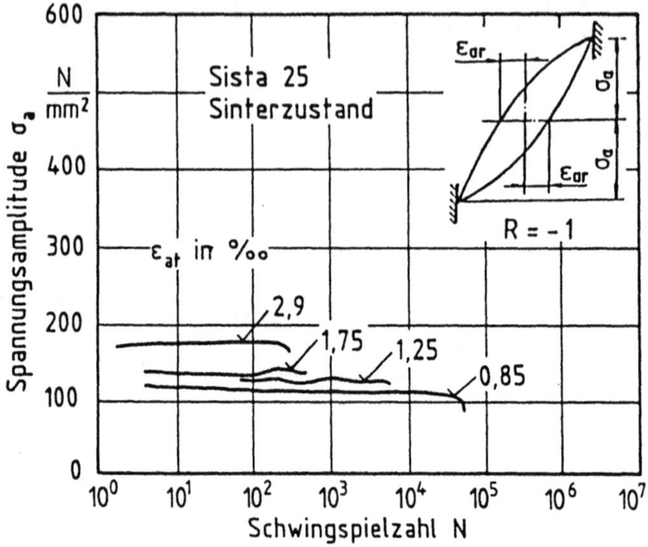


Bild 35: Wechselverformungsverhalten von unlegiertem Sintereisen im dehnungskontrollierten Versuch ($\varepsilon_{at}$ = const).

schleifen führen. Die bei gesamtdehnungskontrollierter Versuchsführung ermittelten WVK belegen, daß die Parameter $\varepsilon_{at}$ bzw. $\sigma_a$ einen deutlichen Einfluß auf den Kurvenverlauf haben (Bild 35). Unabhängig von der Höhe der eingestellten Totaldehnungsamplitude $\varepsilon_{at}$ zeigen die Werkstoffe Sista 25 und Sista 30 quasielastische Verformung bis zum Bruch. Gut auf die in Bild 6 dargestellten WVK übertragbare Ergebnisse liefert der Distaloy-Typ Sista 55 (Bild 36): geringe Verfestigung in der Anfangsphase, danach Entfestigung bis zum Bruch. Da die Versuchswerkstoffe im Sinterzustand annähernd gleiche Restporengehalte (10 ± 2 Vol.-%) aufweisen, ist die Abnahme der plastischen Dehnungsamplitude zu Beginn der zyklischen Beanspruchung vermutlich auf eine Veränderung der Gefügeeigenschaften zurückzuführen. Ebenso ist denkbar, daß die bei diesem Sinterstahl angewandte Legierungstechnik (Anlegieren) das Wechselverformungsverhalten beeinflußt.

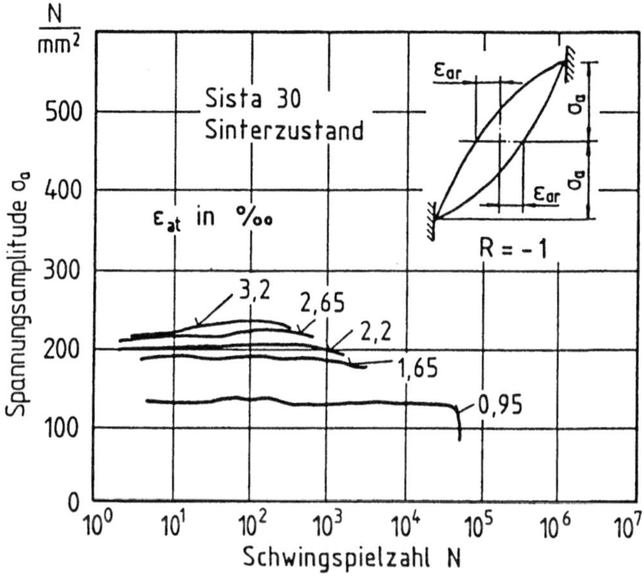


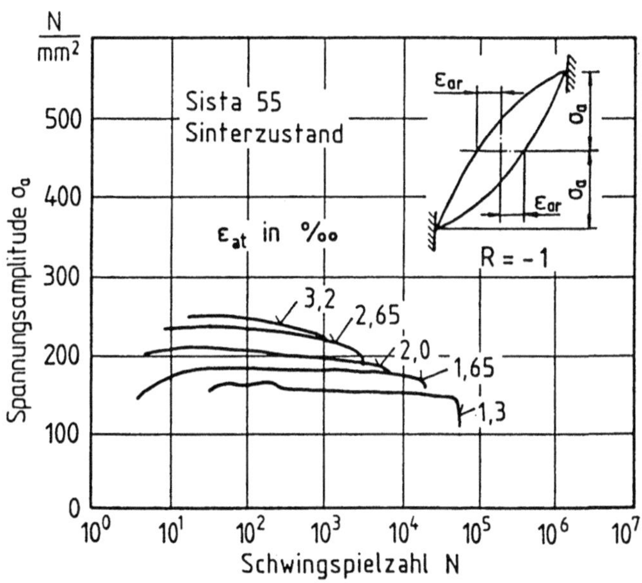


**Bild 36: Wechselverformungskurven (dehnungskontr. Versuch).**

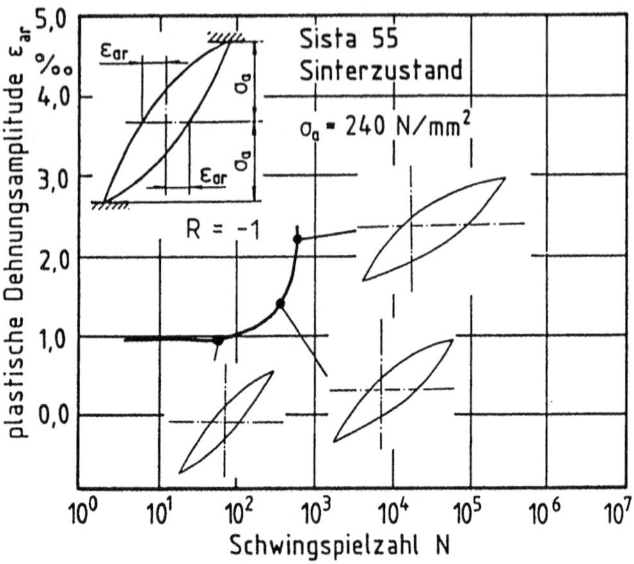


**Bild 37: Zyklische Entfestigung im Sinterzustand (spannungskontrollierter Versuch).**

Am Beispiel einer bei hoher Lastamplitude aufgenommenen Wechselverformungskurve des Ni,Mo-legierten Sinterstahles soll die Veränderung der Hystereseschleife während der zyklischen Beanspruchung verdeutlicht werden (Bild 37 ). Mit zunehmender Schwingspielzahl wird die Kurve nicht nur breiter, sondern ändert auch ihre Neigung zu den Koordinatenachsen. Dies entspricht einer Abnahme des dynamischen E-Moduls und kennzeichnet somit die zyklische Entfestigung /41/. Auffallend ist die Verschiebung der Hystereseschleife in Richtung positiver $\varepsilon$-Werte, die vor allem im Zugspannungsbereich auftritt. Dies erhärtet die Annahme, daß hierfür Rißentstehungsvorgänge verantwortlich sind, die bei konstanter Spannungsamplitude im Vergleich zu den resultierenden "Stauchungen" größere Dehnungen verursachen. Generell geht man in der Schwingprüfung vermehrt zur dehnungskontrollierten Versuchsführung über, um ein derartiges "Weglaufen" der Hysteresekurven zu vermeiden /40/.

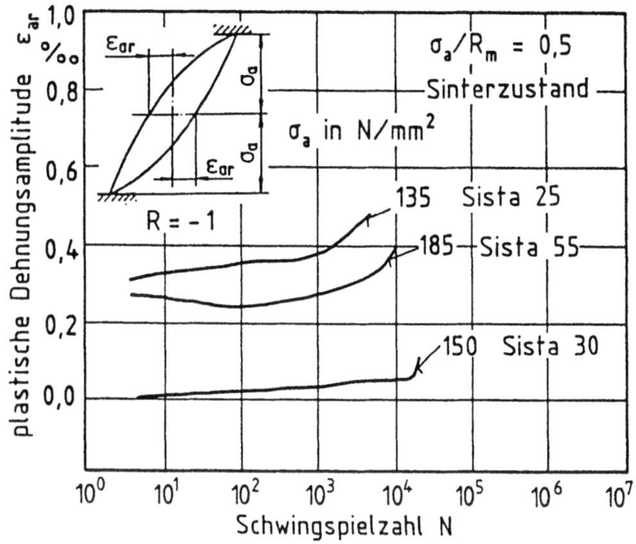


Bild 38: Vergleich des Wechselverformungsverhaltens bei normierter Spannungsamplitude.

Für eine vergleichende Betrachtung des Ermüdungsverhaltens der Sintermetalle im Ausgangszustand ist es zweckmäßig, die gewählte Belastungsamplitude auf einen werkstoffspezifischen Kennwert zu beziehen. In der Literatur finden sich widersprüchliche Angaben darüber, ob die Zugfestigkeit $R_m$ oder die Streckgrenze $R_{p0,2}$ zur richtigen Beschreibung des Festigkeitsverhaltens von Sintermetallen heranzuziehen ist /42/. In Anlehnung an die für Kompaktwerkstoffe übliche Auftragungsweise wurde die Zugfestigkeit als Bezugsgröße gewählt. Bild 38 zeigt Wechselverformungskurven der Versuchswerkstoffe, aufgenommen bei einem annähernd gleichen $\sigma_a/R_m$-Verhältnis von 0,5. Es ist zu erkennen, daß das weichere Sintereisen Sista 25 die höchsten plastischen Dehnungsamplituden aufweist. Die Kurve für den mehrfach legierten Sinterstahl Sista 55 liegt auf einem vergleichbaren Niveau; dagegen zeigt der Cu-legierte Werkstoff Sista 30 annähernd quasielastisches Verhalten bis zum Bruch. In dieser Darstellung kommen die werkstoffspezifischen Unterschiede bezüglich Festigkeit und Zähigkeit gut zum Ausdruck.

### 6.1.2 Wöhlerkurven

Mit den im Hystereseverfahren gewonnenen Meßwerten wurden zusätzlich Wöhlerdiagramme aufgestellt, um Aussagen über die Lebensdauer zyklisch beanspruchter Sintermetalle zu erhalten. Da die Schwingversuche schwerpunktmäßig im Kurzzeit- bzw. Zeitfestigkeitsgebiet ($N \lesssim 5 \cdot 10^4$) durchgeführt wurden, beziehen sich die vergleichenden Betrachtungen auf den Zeitfestigkeitsast der Wöhlerkurve. Bild 39 zeigt das Wöhlerdiagramm für den gesinterten Ausgangszustand. Um Unterschiede im Werkstoffverhalten deutlich zu machen, wurden anstelle von Wöhlerlinien Streubänder eingezeichnet. Das Sintereisen Sista 25 zeigt sehr niedrige Zeitfestigkeitswerte. Der flache Verlauf des Streubandes weist darauf hin, daß bereits eine geringfügige Erhöhung der Belastung die Lebensdauer der Proben erheblich verkürzt. Die beiden anderen Sinterstähle weisen demgegenüber günstigere Schwingfestigkeitseigenschaften auf; die zugehörigen Werte liegen aber in einem gemeinsamen Streuband.

In jedes Streuband wurden die im dehnungskontrollierten Versuch bei halber Bruchschwingspielzahl ermittelten $\sigma_a$-Werte miteingetragen. Dies ist strenggenommen nicht korrekt; der Fehler kann aber vernachlässigt werden, da sich in den meisten Fällen über der Schwingspielzahl nahezu konstante Spannungsamplituden einstellten. Trägt man die entsprechenden Werte der Totaldehnungsamplitude in einer getrennten Darstellung als Dehnungswöhlerlinie auf, so sind Unterschiede in der Ermüdungsfestigkeit deutlicher zu sehen (Bild 40). Der gekrümmte Verlauf der Dehnungswöhlerlinie zeigt eine gute Übereinstimmung mit Ergebnissen aus Ermüdungsversuchen an schmelzmetallurgisch hergestellten Stählen /40/. Es wird ersichtlich, daß bei gleicher Totaldehnungsamplitude der Werkstoff mit der höheren Festigkeit auch eine längere Lebensdauer bis zum Bruch aufweist.

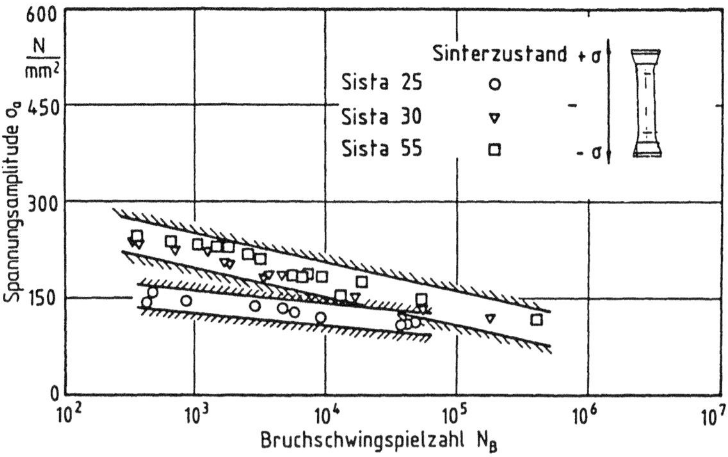


**Bild 39: Wöhlerdiagramm der Versuchswerkstoffe im Sinterzustand**

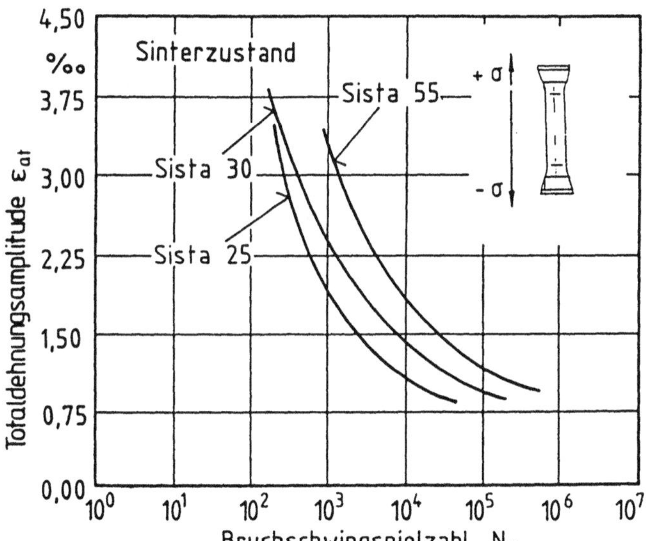


**Bild 40: Dehnungswöhlerlinien im Sinterzustand.**

## 6.2 Änderung des Ermüdungsverhaltens durch VVFP

### 6.2.1 Wechselverformungsverhalten nach Kaltumformung

Der Zustand der Sintermetalle nach dem Kaltfließpressen ist durch eine gegenüber dem nicht umgeformten Ausgangszustand höhere Festigkeit bzw. Härte gekennzeichnet (vgl. Kap. 4.6). In Verbindung mit dem von 10 auf 1 bis 3 Vol.-% reduzierten Restporengehalt führt dies erwartungsgemäß zu einer Änderung des Verhaltens unter zyklischer Beanspruchung.

Aufgrund der höheren Fließspannung traten meßbare plastische Dehnungsamplituden erst bei wesentlich höherer Beanspruchung als im Sinterzustand auf. Bild 41 zeigt die im spannungskontrollierten Versuch aufgenommenen Wechselverformungskurven für das Sintereisen Sista 25 im kaltfließgepreßten Zustand. Für niedrige Spannungsamplituden ($\sigma_a/R_m \approx 0,2$) dominiert quasielastisches Verhalten bis zum Bruch; die zugehörigen $\varepsilon_{ar}$-Werte liegen an der unteren Auflösungsgrenze des Meßsystems (0,02 ‰).

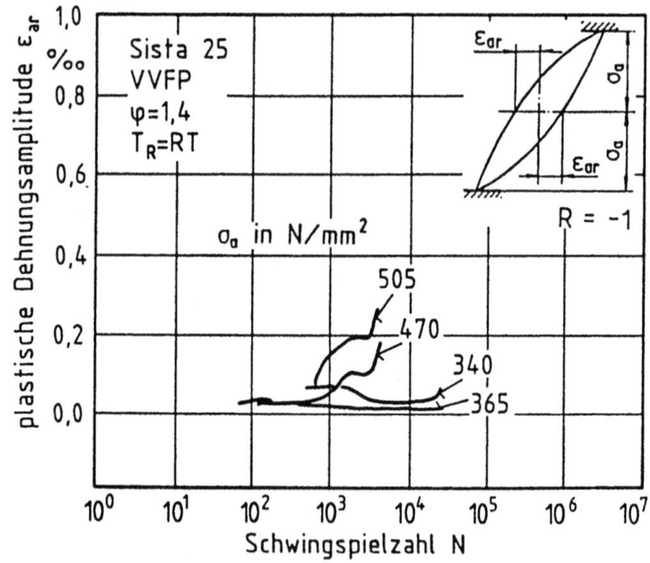


Bild 41: Wechselverformungskurven von kaltumgeformtem Sintereisen (spannungskontrollierter Versuch).

Mit zunehmendem Belastungsniveau weisen die Kurven Sättigungsbereiche auf, die sich auf relativ kleine Schwingspielintervalle beschränken. Bei höheren Spannungsamplituden zeigt das kaltumgeformte Sintereisen Wechselentfestigung, die Lebensdauer der zyklisch belasteten Proben wird dadurch deutlich verkürzt.
Die im Rahmen dieser Versuchsreihe gemessenen plastischen Dehnungsamplituden liegen im Bereich von 0,02 bis 0,2 ‰. Im Oszilloskop waren die zugehörigen Meßkurven erst nach Wechsel in einen Meßbereich hoher Auflösung als schmale Hystereseschleifen erkennbar. Unmittelbar vor dem Bruch der Schwingproben nahm die Hysteresebreite innerhalb weniger Lastzyklen stark zu. Aufgrund der durch das Fließpressen bzw. das Kopfanstauchen verfestigten und damit kerbempfindlichen Randschicht brachen die Proben (werkstoffunabhängig) häufig im Übergangsradius vom Schaft- in den Kopfbereich, d.h. außerhalb der Meßlänge. Die hieraus zu folgernde Abnahme der gemessenen Längenänderung (Entlastung des Prüfquerschnittes durch Rißbildung im Übergang) steht im Widerspruch zu dem steilen Anstieg der ermittelten Wechselverformungskurven in Bild 41. Denkbar wäre, daß sich der gegenüber der Randschicht weichere Probenkern unter der wechselnden Beanspruchung zyklisch verfestigt, dann aber aufgrund der vorhandenen Poren zunehmende $\varepsilon_{ar}$-Werte registriert werden.

Die für die legierten Sinterstähle Sista 30 und Sista 55 erhaltenen WVK ($\sigma_a$ = const) wiesen vergleichbare Tendenzen auf: minimale $\varepsilon_{ar}$-Werte, zyklische Entfestigung bei Erhöhung der Spannungsamplitude und niedrige Bruchschwingspielzahlen. Der Versuch, durch Einstellung höherer Kraft-Sollwerte weiter auseinanderliegende und damit besser differenzierbare Kurven zu erhalten, führte im Versagensfall zu einer Verlagerung der Bruchebene in den Einspannkopfbereich. Ursache hierfür ist die aufgrund der höheren Spannungsamplitude erforderliche Erhöhung des hydraulischen Spanndruckes zur Fixierung der Schwingproben in der Haltevorrichtung. Die auf den kegeligen Einspannkopf wirkende Flächenpressung übersteigt in der Zugphase der zyklischen Beanspruchung den zulässigen Wert /44/. Mit hoher Wahrscheinlichkeit bereits durch das Kopfanstauchen induzierte

Mikrorisse führen in Verbindung mit den hohen Kräften sehr schnell zum Bruch.

Die Problematik der im versuchstechnisch begrenzten Beanspruchungsbereich kaum unterscheidbaren Wechselverformungskurven läßt sich umgehen, indem man auf die totaldehnungskontrollierte Versuchsführung übergeht. Je nach Werkstoff bzw. Festigkeitszustand liegen die $\varepsilon_{at}$-Werte um ein bis zwei Größenordnungen höher als die zugehörigen $\varepsilon_{ar}$-Werte. Bei den kaltfließgepreßten Sintermetallen ist der elastische Anteil der Gesamtdehnung verhältnismäßig hoch, da der Elastizitätsmodul in diesem Zustand etwa dem schmelzmetallurgisch hergestellter Stähle entspricht (vgl. Kap. 6.4).

Bild 42 zeigt die im dehnungskontrollierten Versuch aufgenommenen WVK für den kaltfließgepreßten Zustand. Exemplarisch sind die für das Sintereisen Sista 25 und den Sinterstahl Sista 55 gewonnenen Ergebnisse einander gegenübergestellt. Werkstoffunabhängig ergeben sich bei geeigneter Abstufung der gewählten Dehnungsamplituden deutlich voneinander unterscheidbare Wechselverformungskurven. Der Sista 25 zeigt für niedrige ${}_{at}$-Werte quasi-elastisches Verformungsverhalten. Mit steigender Dehnungsamplitude lassen die Kurven eine Zunahme der resultierenden Spannungsamplitude über der Schwingspielzahl erkennen. Dies deutet darauf hin, daß die durch das Kaltfließpressen bewirkte Verfestigung unter der zyklischen Beanspruchung noch weiter erhöht wird. Die Beobachtung steht in Einklang mit den Ergebnissen der Härtemessungen über den Probenquerschnitt (vgl. Abschn. 4.6). Aufgrund der Abnahme der Härtewerte vom Rand zum Kern hin ist die Möglichkeit einer inhomogenen, zyklischen Verfestigung des Probeninneren gegeben; die an der Oberfläche gemessenen Dehnungswerte bleiben davon unberührt. Die in dem Versuch mit $\varepsilon_{at}$ = 1,65 ‰ registrierten plastischen Dehnungsamplituden waren trotz des deutlichen Anstieges der Spannungsamplitude gerade noch auflösbar. Wie die für hohe Totaldehnugsamplituden ermittelten WVK von Sista 25 zeigen, existiert offenbar eine Grenze, oberhalb der das Wechselverformungsverhalten durch zyklische Entfestigung geprägt ist (s. Bild 42).

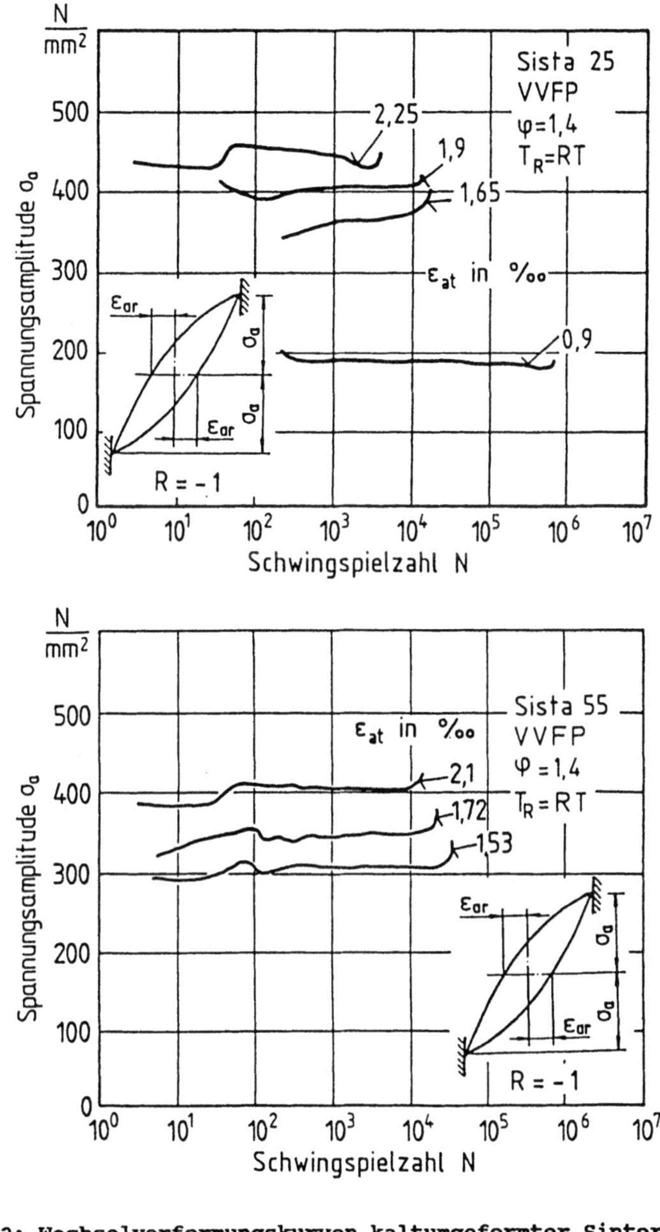


**Bild 42: Wechselverformungskurven kaltumgeformter Sintermetalle (dehnungskontrollierter Versuch).**

Abgesehen von dem etwas unsicher zu interpretierenden Anfangsbereich zeigen die WVK des bei gleichem Umformgrad kaltfließgepreßten Sinterstahles Sista 55 über große Lebensdauerintervalle keine nennenswerte Veränderung der Spannungsamplitude. Unabhängig von der gewählten Dehnungsamplitude dominiert quasielastische Verformung bis zum Bruch. Auffallend gegenüber den Ergebnissen für das unlegierte Sintereisen sind kleinere Oszillationen im Kurvenverlauf, die bei allen untersuchten Dehnungsniveaus auftreten. Derartige Phänomene wurden bereits bei Vorversuchen an diesem Werkstoff beobachtet, die in Zusammenarbeit mit der Universität-Gesamthochschule Kassel durchgeführt wurden. Dabei wiesen die im spannungskontrollierten Versuch an kaltfließgepreßten Proben erhaltenen WVK aufeinanderfolgende Phasen der zyklischen Ent- und Verfestigung auf. Dies wurde mit der Annahme strukturmechanischer Änderungen während der Schwingbeanspruchung erklärt /45/. Eine genauere Analyse ergab, daß die Oszillationen im Zusammenhang mit Schwankungen der Regelgröße stehen. Diese treten allerdings nur bei nicht ausreichend schnell kompensierbaren Steifigkeits- bzw. Längenänderungen der Proben auf und sind somit doch als Folge strukturmechanischer Veränderungen im geprüften Werkstück anzusehen. Denkbar wäre auch, daß solche Störungen im Verlauf der WVK die Rißausbreitung oder -verzögerung durch Poren wiederspiegeln. Diesbezüglich lieferte eine metallographische Schliffuntersuchung jedoch keine Anhaltspunkte.

Vergleicht man die im spannungs- und dehnungskontrollierten Versuch aufgenommenen Wechselverformungskurven miteinander, so wird - ähnlich wie bei der zyklischen Beanspruchung im Sinterzustand - ein Einfluß der Versuchsführung erkennbar. Im Schwingversuch mit konstanter Totaldehnungsamplitude wird eine unkontrollierte Rißausbreitung weitgehend verhindert; somit ist das Wechselverformungsverhalten erfaßbar. Im spannungskontrollierten Versuch ist dies nur mit Einschränkung möglich; andernfalls wäre z.B. der für $\varepsilon_{at}$=const registrierte Anstieg der Spannungsamplitude kurz vor dem Bruch in den bei $\sigma_a$=const aufgenommenen WVK als plötzliche Abnahme der plastischen Dehnungsamplitude wiederzufinden. Dies ist jedoch nicht der Fall (vgl. Bild 41).

#### 6.2.1.1 Einfluß des Umformgrades

Nach /5/ hängen die statischen und dynamischen Festigkeitseigenschaften des kaltumgeformten Werkstückes aus Sintermetall stark vom Umformgrad ab. Die diesbezüglich aus den Zug/Druck-Wechselversuchen gewonnenen Ergebnisse werden nachfolgend anhand der Wechselverformungskurven diskutiert.

Bild 43 zeigt eine Zusammenstellung der WVK für die bei niedrigerem Umformgrad kaltfließgepreßten Sintermetalle. Trotz der verhältnismäßig geringen Differenz zwischen den variierten Umformgraden ($\varphi$ = 1,2 u. 1,4) sind Unterschiede erkennbar. Gegenüber den WVK für den höheren Umformgrad sind die Oszillationen im Kurvenverlauf weniger ausgeprägt. Die "Wellen" sind flacher und treten meist nur ein- bis zweimal während eines Versuches auf. Bei niedriger Dehnungsamplitude zeigt der Ni,Mo-Sinterstahl Sista 55 Tendenz zu einer schwachen Wechselverfestigung. Bei hohen $\varepsilon_{at}$-Werten ist das Wechselverformungsverhalten werkstoffunabhängig durch schwache zyklische Entfestigung geprägt. Eine deutliche Abnahme der Spannungsamplitude ist jeweils kurz vor dem Bruch festzustellen; dabei werden die $\sigma_a$-Werte bis zu einem relativ niedrigen Spannungsniveau erfaßt, d.h. bei Beginn des Restbruches ist gegenüber den bei $\varphi$ = 1,4 kalfließgepreßten Proben noch eine gewisse Duktilität vorhanden. Grundsätzlich ist bei niedrigerem Umformgrad die Kaltverfestigung etwas geringer, die Zähigkeit dagegen noch akzeptabel. Dies zeigt sich u.a. auch in der Ausbildung der Bruchflächen (s. Kap. 7).

#### 6.2.1.2 Einfluß positiver Mittelspannungen

Ein in der Praxis häufiger Belastungsfall ist die Überlagerung zeitlich veränderlicher mit zeitlich determinierten Lastspannungen, wie sie z. B. bei der schwingenden Beanspruchung einer vorgespannten Schraubverbindung auftritt . Für Kompaktwerkstoffe ist bekannt, daß negative Mittelspannungen (Druck) die Schwing- bzw. Dauerfestigkeit erhöhen, positive (Zug) sie dage-

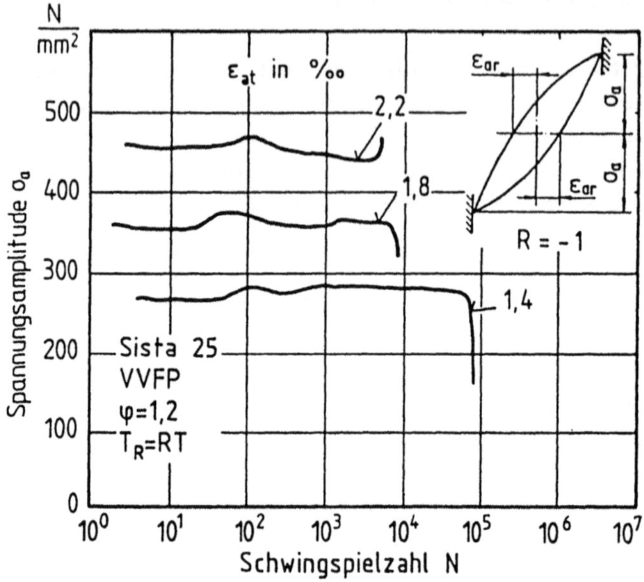


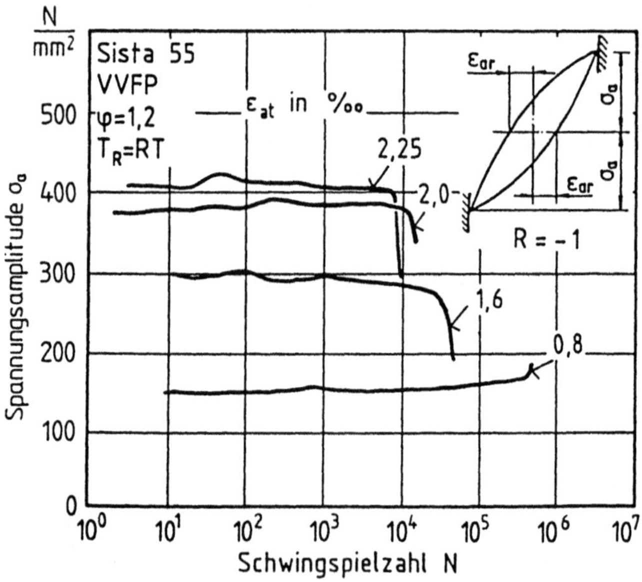


**Bild 43: Wechselverformungskurven kaltfließgepreßter Sintermetalle ($\varphi$ = 1,2; dehnungskontrollierter Versuch).**

gen vermindern /46/. Diesbezüglich liegen über Sinterwerkstoffe keine genaueren Angaben vor. In /16/ wird festgestellt, daß PM-Werkstoffe im Sinterzustand aufgrund der Poren relativ empfindlich auf überlagerte Mittelspannungen reagieren; mit zunehmender Dichte wird dieser Einfluß geringer.

An den kaltumgeformten Proben aus Sintermetall wurden exemplarisch Schwingversuche mit positiver Mittelspannung, d.h. im Zugschwellbereich durchgeführt. Unter Berücksichtigung der maximalen Belastbarkeit der angestauchten Einspannköpfe wurden die Proben im reinen Schwellversuch ($\sigma_u/\sigma_o \geq 0$) bei niedrigen $\sigma_a$- bzw. $\sigma_m$-Werten geprüft.

Hystereseschleifen waren nicht meßbar, daher wird auf die Darstellung der Wechselverformungskurven verzichtet. Bild 44 zeigt stattdessen die Mitteldehnungskurven, aufgenommen für zwei unterschiedlich kaltfließgepreßte Proben des Sintereisens Sista 25 bei vergleichbarer Schwellbeanspruchung. Für den höheren Umformgrad nimmt die Mitteldehnung bis zum Bruch mit

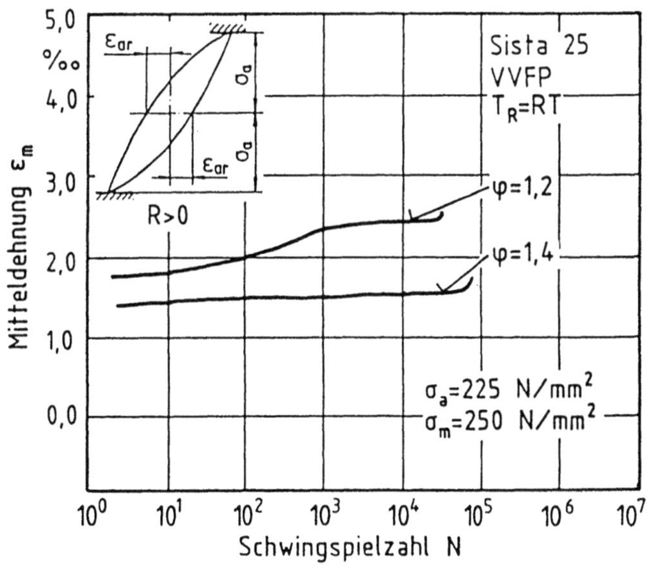


Bild 44: Wechselverformungsverhalten im Zugschwellversuch.

der Schwingspielzahl nur wenig zu. Ist die durch VVFP erzielte Kaltverfestigung geringer, so führt die überlagerte Mittelspannung zu höheren Dehnungswerten; die Mitteldehnungskurve zeigt einen deutlichen Anstieg. Dieses auch bei Stählen beobachtete Verhalten /17/ wird als zyklisches Kriechen bezeichnet.

Die Auswirkung überlagerter Zugspannungen äußerte sich vor allem im Bruchverhalten: der Bruch der Schwingproben erfolgte hier ausnahmslos innerhalb der definierten Meßlänge. Die Bruchflächen zeigten die für statisch zugbeanspruchte duktile Werkstoffe bekannte Form des Tassen-Kegelbruchs (cup-cone) /47/. Die REM-Untersuchung des makroskopisch deutlich erkennbaren Restbruchbereiches ergab eine gegenüber dem kalfließgepreßten, wechselbeanspruchten Zustand (s. Kap. 7) veränderte Wabenstruktur.

Quantitativ läßt sich der Einfluß von Mittelspannungen auf eine Wechselbeanspruchung im Haigh-Diagramm darstellen. Hierzu wird die im spannungskontrollierten Versuch gewählte zeit- oder dauerfest ertragene Spannungsamplitude $\sigma_a$ über der Mittelspannung $\sigma_m$ aufgetragen. Der Schnittpunkt einer unter 45° verlaufenden Geraden (die sich aus einer ursprünglich gekrümmten Kurve durch rechnerische Vereinfachung ergibt /40/) mit der $\sigma_m$-Achse stellt die statische Festigkeit dar (Bild 45 ). Die aus den exemplarischen Schwellversuchen und aus den entsprechenden Wechselversuchen ermittelten, eingezeichneten Werte liefern kein vollständiges Bild; dennoch sind grundsätzliche Tendenzen erkennbar. Linien gleicher Bruchschwingspielzahl $N_B$ zeigen, daß die zeitfest ertragenen Spannungsamplituden (Zeitfestigkeiten) mit zunehmender Mittelspannung abnehmen. Dies stimmt mit dem bei Kompaktstählen bekannten Verhalten überein, wonach sich die Wöhlerkurve durch Überlagerung positiver Mittelspannungen in Richtung niedrigerer Spannungsniveaus verschiebt /40/. Damit verbunden ist eine Verkürzung der bei gleicher Spannungsamplitude im Wechselversuch erzielten Lebensdauer.

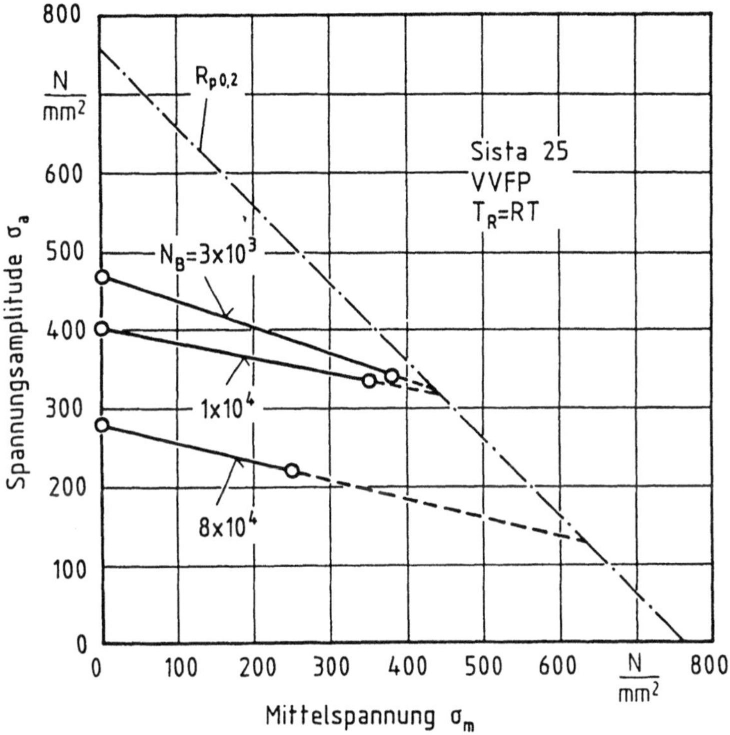


**Bild 45: Haigh - Diagramm für kaltfließgepreßtes Sintereisen.**

Die von Macherauch u. a. in /48/ vorgeschlagene Erweiterung des Haigh-Schaubildes durch zusätzliche Auftragung von Mitteldehnungen war für die Untersuchungen an den umgeformten Sintermetallen nicht anwendbar.

### 6.2.2 Wechselverformungsverhalten nach Halbwarmumformung

Der Zustand der halbwarmumgeformten Sinterwerkstoffe ist durch eine hohe Dichte (z.T. unter 0,5 Vol.-% Restporosität), eine gegenüber dem kaltfließgepreßten Zustand niedrigere Festigkeit, aber wesentlich verbesserte Zähigkeit charakterisiert (vgl. Abschn. 4.6). Dies hat einen signifikanten Einfluß auf das Ermüdungsverhalten bei zyklischer Beanspruchung. Die Ergebnisse werden im folgenden anhand der für das unlegierte Sintereisen aufgenommenen Wechselverformungskurven diskutiert.

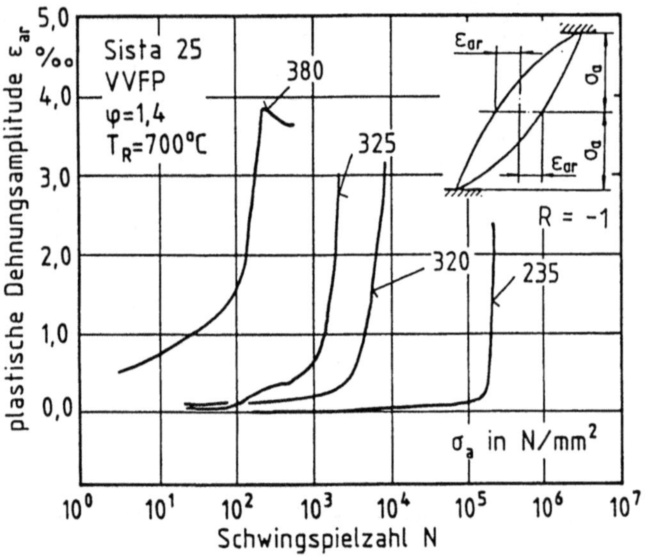


Bild 46: Wechselverformungsverhalten von halbwarmfließgepreßtem Sintereisen (spannungskontrollierter Versuch).

Bild 46 zeigt die WVK des bei $T_R$ = 700 C° fließgepreßten Versuchswerkstoffes aus spannungskontrollierten Schwingversuchen. Aufgrund der verbesserten Zähigkeitseigenschaften ergeben sich im Vergleich zum nicht umgeformten bzw. kaltfließgepreßten Zustand höhere plastische Dehnungsamplituden (Steigerung von 1 ‰ auf 5 ‰). Wie im Sinterzustand treten - abhängig von der

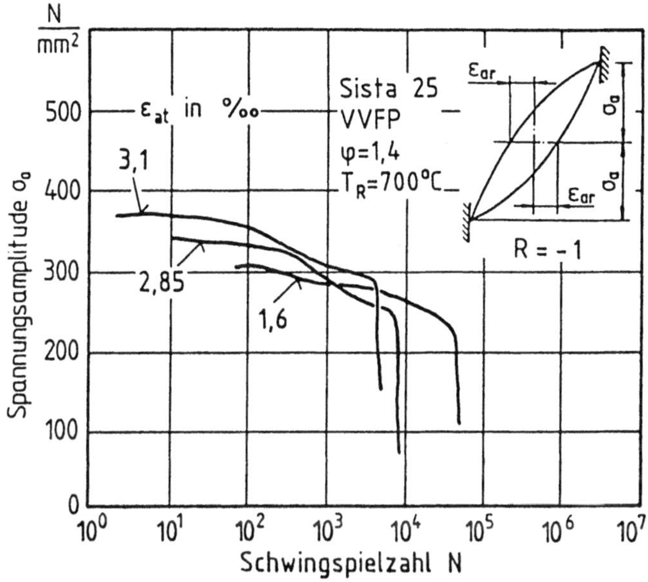


**Bild 47: Wechselverformungsverhalten von halbwarmumgeformtem Sintereisen im dehnungskontrollierten Versuch.**

gewählten Spannungsamplitude - quasi-elastische Verformung, Sättigungsbereiche und zyklische Entfestigung auf. Die Wechselentfestigung ist bei Belastungen mit $\sigma_a/R_m \approx 0{,}7$ und höher besonders ausgeprägt. Im Gegensatz zum kaltumgeformten Zustand setzt sie nicht spontan ein, sondern erstreckt sich über einen Großteil der Lebensdauer bis zum Bruch. Die bei konstanter Totaldehnungsamplitude aufgenommenen WVK zeigen einen entsprechenden Verlauf (Bild 47 ). Dies belegt, daß hier auch für $\sigma_a$ = const die zyklische Entfestigung unverfälscht erfaßt wird.

Bild 48 zeigt exemplarisch die Veränderung der Hysterese während einer zyklischen Beanspruchung mit $\varepsilon_{at}$ = const. Aufgrund der hohen Werkstoffzähigkeit waren im halbwarmumgeformten Zustand gut ausgebildete Hystereseschleifen zu beobachten. Man erkennt, daß die Hysteresebreite mit wachsender Schwingspielzahl zunimmt, während die resultierende Spannungsamplitude ste-

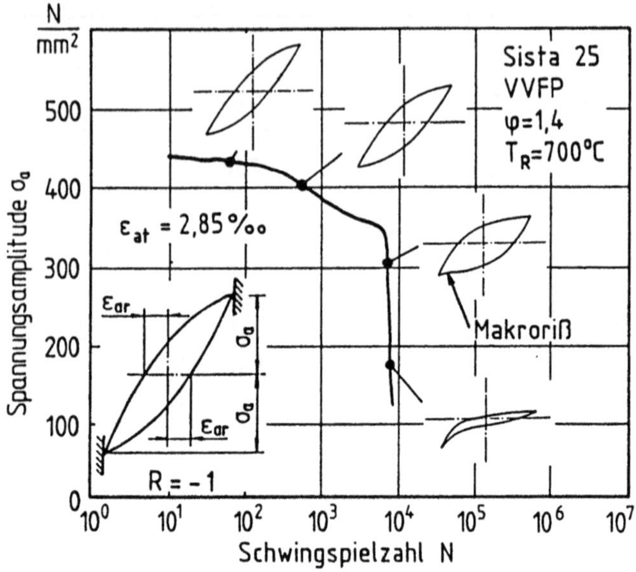


**Bild 48: Zyklische Entfestigung von halbwarmfließgepreßtem Sintereisen im dehnungskontrollierten Versuch.**

tig abnimmt. Die nach einer bestimmten Anzahl von Zyklen auftretende "Einbuchtung" der Schleife im Bereich negativer $\sigma$- und $\varepsilon$-Werte ist nach /40/ ein typisches Zeichen für die Bildung von Makrorissen. Da $\varepsilon_{at}$ konstant gehalten wird, nimmt die zum Erreichen der maximalen Zugdehnung erforderliche Kraft ab. Dies führt zu Asymmetrien in der Hysteresekurve.

Schwingversuche an bei niedrigerem Umformgrad halbwarmfließgepreßten Proben zeigen WVK mit ähnlicher Tendenz (Bild 49). Der Umformgrad ist nach /6/ bei halbwarmumgeformten Sintermetallen für die mechanischen Eigenschaften von untergeordneter Bedeutung.

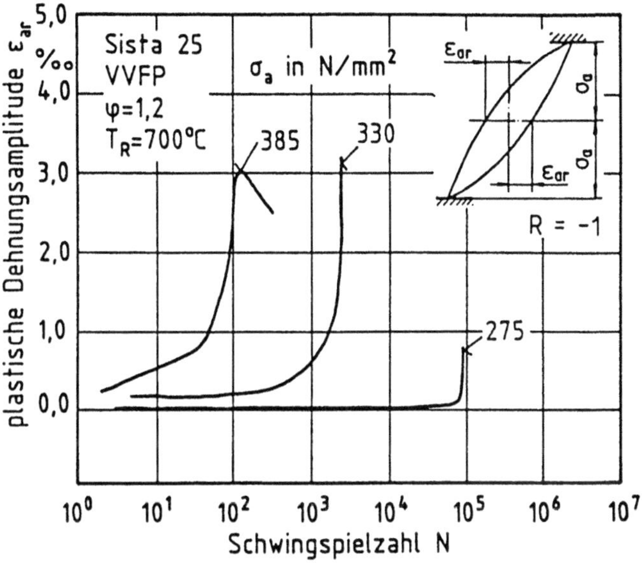


**Bild 49: Einfluß des Umformgrades auf die WVK von halbwarmumgeformtem Sintereisen (spannungskontr. Versuch).**

## 6.3 Zyklische Spannungs-Dehnungs-Kurven

Die Zyklische Spannungs- Dehnungskurve (ZSD) stellt eine Zusammenfassung der Ergebnisse der spannungs- und dehnungskontrollierten Schwingversuche dar. Nach der in Kap. 5.1 genannten Konvention werden dabei jeweils die bei halber Bruchschwingspielzahl vorliegenden $\sigma_a$- bzw. $\varepsilon_{at}$- oder $\varepsilon_{ar}$-Werte zugrundegelegt. Die Anwendung dieses Verfahrens ist in solchen Fällen problematisch, wo sich diese Größen im Laufe der zyklischen Beanspruchung - insbesondere im Schwingspielintervall zwischen $N_B/2$ und $N_B$ - stark ändern. In /49/ wird darauf hingewiesen, daß häufig der für die Ermüdungsuntersuchung interessierende Zustand schon durch die Schwingbeanspruchung selbst signifikant verändert wird und somit eine zustandsbezogene Beschreibung des Wechselverformungsverhaltens streng genommen nicht realisierbar ist.

Die Auftragung der Ergebnisse aus den Hysteresemessungen im ZSD-Schaubild bietet die Möglichkeit, das Wechselverformungsverhalten bei unterschiedlichen Festigkeitszuständen zu vergleichen. Bild 50 zeigt eine Gegenüberstellung der Werte für den nicht umgeformten Ausgangszustand und den kaltfließgepreßten Zustand. Um die Abweichung vom linear-elastischen Verhalten zu verdeutlichen, ist für den Sinterzustand die Hooke'sche Gerade eingezeichnet (unterbrochene Linie). Ihre Steigung entspricht einem (statischen) E-Modul von 130 00 N/mm$^2$, wie vom Hersteller für die Versuchswerkstoffe angegeben . Dieser Wert wurde durch Berechnung eines fiktiven "E-Moduls" /40/ nach

$$E = \frac{\sigma_a}{\varepsilon_{at} - \varepsilon_{ar}} \qquad (3)$$

bestätigt. Der für die Festigkeit nach dem Kaltfließpressen maßgebliche E-Modul wurde analog berechnet. Der Vergleich zeigt, daß im Sinterzustand die plastische Dehnung einen beträchtlichen Anteil der Gesamtdehnung ausmacht; dagegen über-

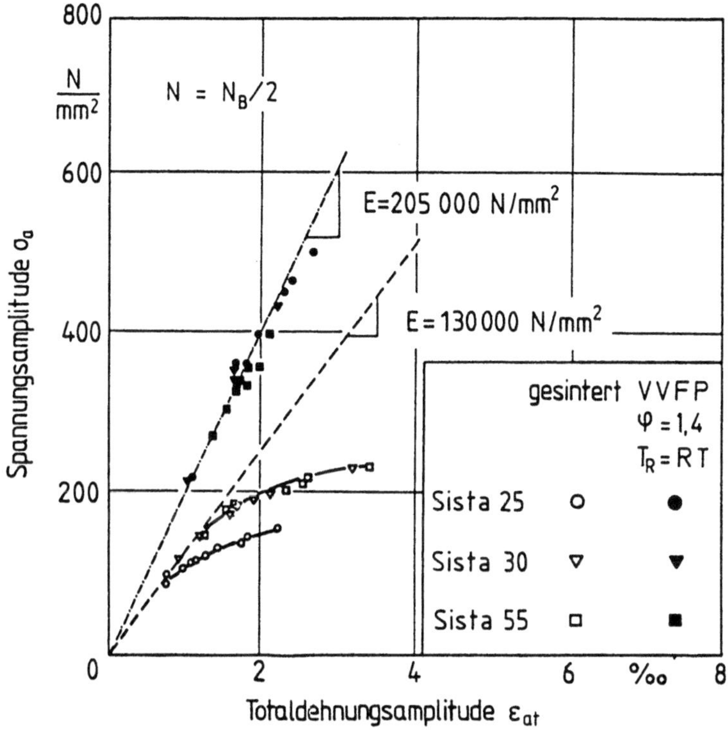


**Bild 50: Zyklisches Spannungs-Dehnungs-Diagramm.**

wiegt nach der Kaltumformung der elastische Dehnungsanteil. Die in diesem Fall eng um die zugehörige Gerade (strichpunktiert) gruppierten Meßwerte lassen werkstoffspezifische Unterschiede nicht mehr erkennen.

In Bild 51 sind die ZSD für beide Fließpreßzustände (RT u. 700 °C eingetragen. Die Berechnung nach Gl. 3 ergab für den halbwarmfließgepreßten Zustand einen fiktiven E-Modul von 190 000 N/mm$^2$. Die schon bei niedrigen $\varepsilon_{at}$-Werten vom linearen Anstieg deutlich abweichende flache Kurve spiegelt die durch VVFP bei 700 °C erzielte Verbesserung der Werkstoffzähigkeit des unlegierten Sintereisens Sista 25 wieder.

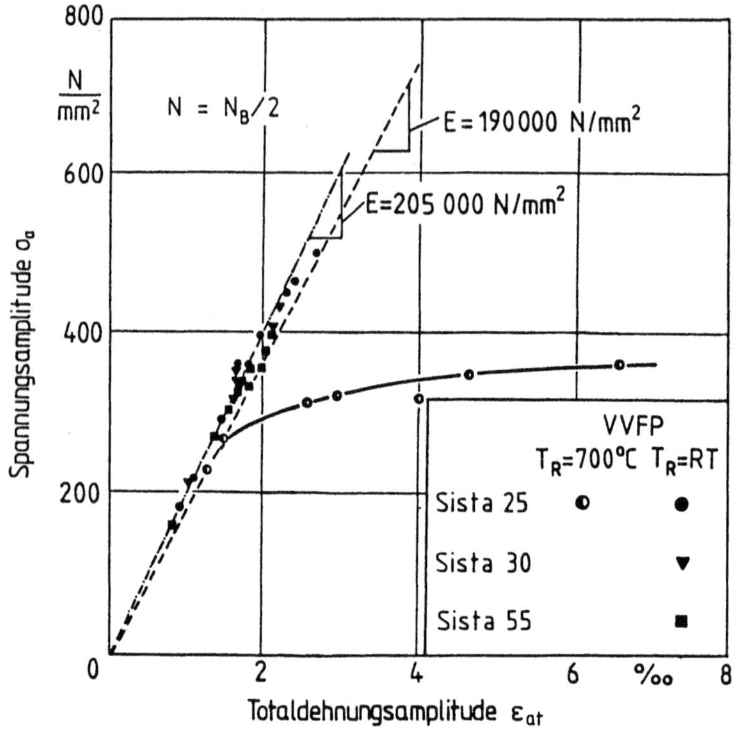


**Bild 51: Vergleich der Zyklischen Spannungs-Dehnungs-Kurven kalt- und halbwarmumgeformter Werkstücke.**

Normiert man die Spannungsamplitude auf die Zugfestigkeit, so treten die Unterschiede im Wechselverformungsverhalten noch deutlicher hervor. Dies wird in Bild 52 exemplarisch anhand der ZSD von Sista 25 veranschaulicht. Der steile Anstieg der Kurve für den kaltumgeformten Zustand läßt erkennen, daß über einen weiten Spannungsbereich praktisch keine plastischen Dehnungsamplituden auftreten. Im Gegensatz dazu reicht bei den halbwarmumgeformten Sintermetallen schon eine geringfügige Änderung der Belastung innerhalb eines eng begrenzten $\sigma_a$-Intervalles dazu aus, um hohe $\varepsilon_{ar}$-Werte zu erhalten.

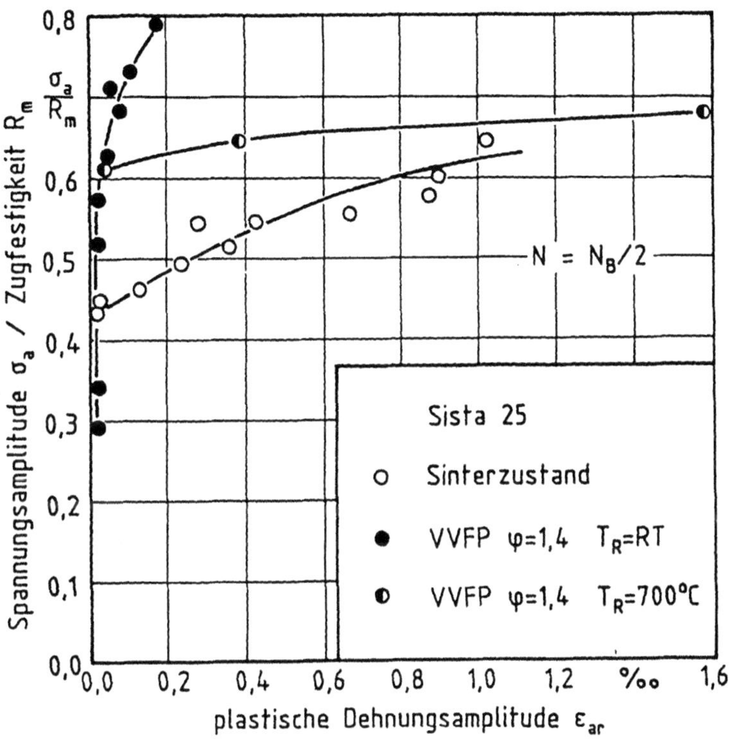


**Bild 52: Normierte Zyklische Spannungs-Dehnungs-Kurven.**

## 6.4 Wöhlerkurven

Zur lebensdauerorientierten Bewertung wurden die in den Schwingversuchen an fließgepreßten Proben erhaltenen Meßwerte in ein Wöhlerdiagramm eingetragen (Bild 53 ). Analog zur entsprechenden Auftragung im Sinterzustand wurden anstelle von Wöhlerlinien Streubänder eingezeichnet, um den Einfluß der Rohteiltemperatur hervorzuheben; zwischen den variierten Umformgraden wurde in dieser Auftragung nicht unterschieden.

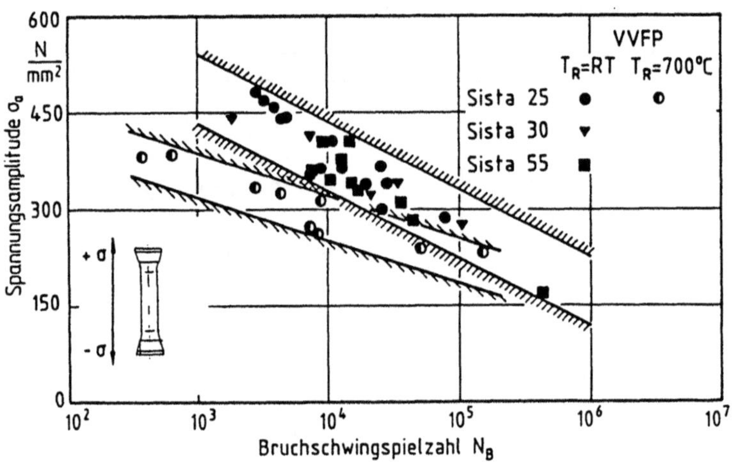


Bild 53: Wöhlerdiagramm der fließgepreßten Sintermetalle.

Gegenüber dem Sinterzustand sind die den Fließpreßzustand kennzeichnenden Wöhlerbereiche im Zeitfestigkeitsgebiet zu höheren ertragbaren Spannungsamplituden hin verschoben. Dabei liegen die an den kaltumgeformten Proben ermittelten Werte noch oberhalb der für den halbwarmumgeformten Zustand gewonnenen Meßpunkte innerhalb eines entsprechend steiler verlaufenden Streubandes. Beide Streubereiche überschneiden sich jedoch bei grösseren NB-Werten ($N_B > 10^5$).

Die separate Darstellung der Ergebnisse in Form von Spannungs- und Dehnungswöhlerlinien erlaubt detailliertere Aussagen über den Einfluß des Umformgrades und der Rohteiltemperatur auf die Lebensdauer der zyklisch beanspruchten Schwingproben. Dies wird nachfolgend am Beispiel der Wöhlerkurven für das unlegierte Sintereisen veranschaulicht.

Bild 54 läßt erkennen, daß die Steigung der Zeitfestigkeitsgeraden mit zunehmendem Umformgrad größer wird. Diese Tendenz ist im kaltfließgepreßten Zustand stärker ausgeprägt als nach dem VVFP bei 700 °C. Unabhängig davon ergibt die Extrapolation auf eine "Wechselfestigkeit" bei $N_B = 10^6$ jeweils für den niedrigeren Umformgrad die höheren Spannungswerte. Es zeigt sich, daß nach der Halbwarmumformung gegenüber der Kaltumformung günstigere Wechselfestigkeitseigenschaften resultieren. Dies stimmt mit den Ergebnissen früherer Untersuchungen gut überein /5,6/.

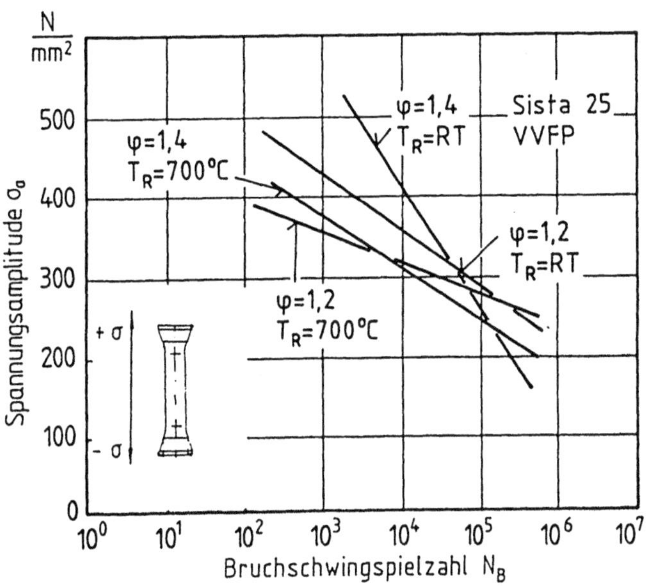


Bild 54: Spannungswöhlerlinien von umgeformtem Sintereisen.

Trägt man die in totaldehnungskontrollierten Versuchen gewonnenen Meßwerte als Dehnungswöhlerlinien auf, so lassen sich bezüglich des Umformgrades ähnliche Tendenzen wie in Bild 54 feststellen. Zunächst widersprüchlich erscheint allerdings die gegenüber den Kurven für $T_R$ = RT zu höheren Schwingspielzahlen verschobenen Dehnungslinie für den halbwarmumgeformten Zustand (Bild 55). Hierin kommt wieder der starke Einfluß der Versuchsführung auf die Ergebnisse der Ermüdungsuntersuchungen zum Ausdruck. Bei konstanter Totaldehnungsamplitude wird unkontrolliertes Rißwachstum während der zyklischen Beanspruchung verhindert. Die nach dem VVFP bei 700 °C stattfindende Wechselentfestigung läßt - in Verbindung mit der hohen Duktilität in diesem Zustand - die Spannungsamplitude z.T. zu außerordentlich niedrigen Werten abfallen. Dies führt zugleich zu einer merklichen Verlängerung der Lebensdauer bis zum Bruch.

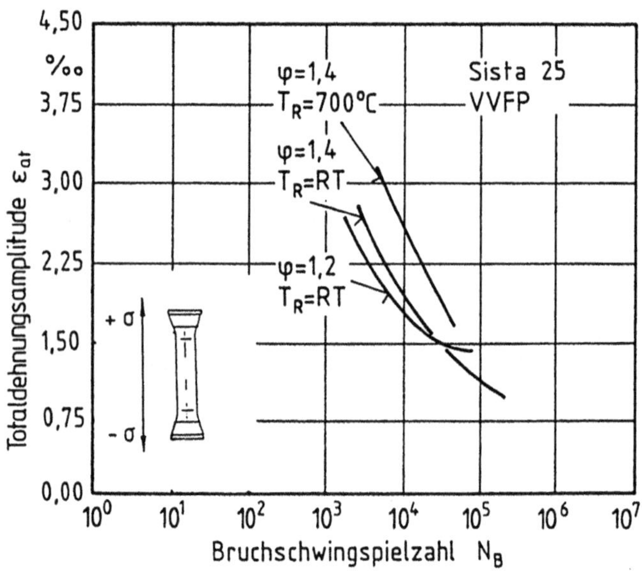


Bild 55: Dehnungswöhlerlinien von umgeformtem Sintereisen.

# 7 FRAKTOGRAPHISCHE UNTERSUCHUNGEN

## 7.1 Allgemeines

Die Fraktographie ist ein sowohl in der Grundlagenforschung als auch in der Praxis bei Schadensanalysen häufig angewandtes Verfahren der Bruchuntersuchung. Sie dient zum Auffinden makroskopischer und mikroskopischer (REM) charakteristischer Bruchflächenmerkmale, die Aussagen über die Beanspruchungsart, die Rißentstehung und die Rißausbreitung ermöglichen /47/.

Schwingbrüche sind im allgemeinen gekennzeichnet durch eine nach der Anrißphase stetige Rißausbreitung mit einem anschliessenden, spontan einsetzenden Restgewaltbruch. Häufig sind diese Bereiche unterschiedlicher Bruchausbildung makroskopisch in der Bruchfläche zu erkennen. Der Übergang vom Ermüdungs- zum Restbruchanteil wird vor allem bei verformungsarmen Schwingbrüchen als gekrümmte Trennungslinie sichtbar /47/.

Während über die Entstehung und Ausbreitung von Brüchen dynamisch beanspruchter Stähle umfangreiche Literaturangaben vorliegen /47,50-53/, beschränken sich entsprechende Informationen bei Sintermetallen auf wenige Aufnahmen von Bruchflächen /54,55/.

Im Rahmen der vorliegenden Arbeit wurden exemplarisch die Bruchflächen von einigen wechselverformten Schwingproben im nicht umgeformten Sinterzustand sowie im kalt- bzw. halbwarmfließgepreßten Zustand untersucht. Für die Aufnahme von Makrobildern der Bruchfläche wurden die Probenhälften unter einem Stereo-Lichtmikroskop justiert und im Hellfeld fotografiert. Für die mikrofraktographische Untersuchung stand ein Rasterelektronenmikroskop des Typs Cambridge S 4-10 zur Verfügung. Die Proben wurden vorher in einer Sputter-Anlage mit Kohle bedampft.

## 7.2 Bruchausbildung

### 7.2.1 Nicht umgeformter Sinterzustand

Bild 56 zeigt die Bruchfläche einer im gesinterten Ausgangszustand zyklisch beanspruchten Schwingprobe . Ebenso wie bei den anderen Versuchswerkstoffen erfolgte hier der Bruch unabhängig von Art und Höhe der Beanspruchung senkrecht zur Beanspruchungsrichtung, d. h. als Normalspannungsbruch. Die matt erscheinende, rauhe Oberflächenstruktur weist auf einen verformungsarmen Bruch hin. Eine Unterscheidung zwischen Ermüdungs- und Restbruchbereich ist makroskopisch nicht möglich; nur in Ausnahmefällen waren für den Sinterzustand voneinander abgegrenzte Bruchflächenanteile unterschiedlicher Struktur zu erkennen. Erst mit Hilfe rasterelektronenmikroskopischer Untersuchungen konnten anhand charakteristischer Details Rückschlüsse auf das Bruchgeschehen gezogen werden.

Bild 56: Bruchausbildung im Sinterzustand nach zyklischer Beanspruchung (unlegiertes Sintereisen, spannungskontrollierter Versuch).

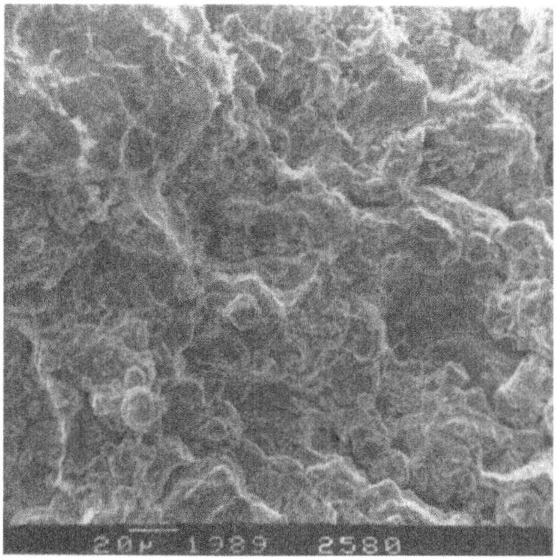


Bild 57: Ermüdungsstrukturen in wechselbelastetem Fe-Cu Sinterstahl Sista 30 .

In dem aus Pulverteilchen und Poren gebildeten Werkstoffgefüge wurden lokal Bereiche mit einer wellenartigen Struktur gefunden, die große Ähnlichkeit mit den bei wechselbeanspruchten konventionellen Stählen beobachteten Schwingungsstreifen aufweisen /27/. Diese Merkmale sind jedoch nur schwach ausgeprägt und auf vereinzelte, nicht zusammenhängende Mikrobereiche der Bruchfläche beschränkt (Bild 57). Generell sind bei spröden Werkstoffen wie z.B. Gußeisen Schwingungsstreifen nicht oder nur andeutungsweise identifizierbar; daneben kann auch die Schwingbeanspruchung je nach Art und Höhe zu einem "Zerreiben" der Bruchfläche führen und so das Auffinden solcher Merkmale erschweren /50/.

Das mikroskopische Erscheinungsbild der Bruchflächen der nicht umgeformten Sintermetalle wird durch die Art der Versuchsführung (spannungskontrolliert oder dehnungskontrolliert) mitbestimmt. Wie Bild 58 zeigt, sind nach Wechselbeanspruchung mit konstanter Spannungsamplitude - insbesondere bei hohen $\sigma_a$-Werten - keine Anzeichen einer plastischen Verformung festzustellen (a). Der Riß breitet sich hier offenbar über benachbar-

te Poren aus, wobei die Werkstoffbrücken oder -hälse zwischen den Pulverteilchen schlagartig durchtrennt werden. Demgegenüber werden nach gesamtdehnungskontrollierter Versuchsführung aufgrund der stabileren Rißausbreitung ( Abschn. 6.1) deutliche Spuren einer Beanspruchung des Gefüges sichtbar (b).
Ähnliches gilt für den Bereich des Restgewaltbruches (c) u.(d). Dieser ist mikroskopisch durch mehr oder weniger ausgeprägte Waben unterschiedlicher Tiefe charakterisiert. Über ähnliche Beobachtungen an Bruchflächen von Sintereisen wird in /56/ berichtet. Die Ursache für die Wabenbildung sind kleine harte Einschlüsse oder Verunreinigungen (Oxide), in deren Umgebung sich die Matrix des Grundwerkstoffes plastisch verformt. Es entsteht ein Hohlraum, der bei fortschreitender Belastung

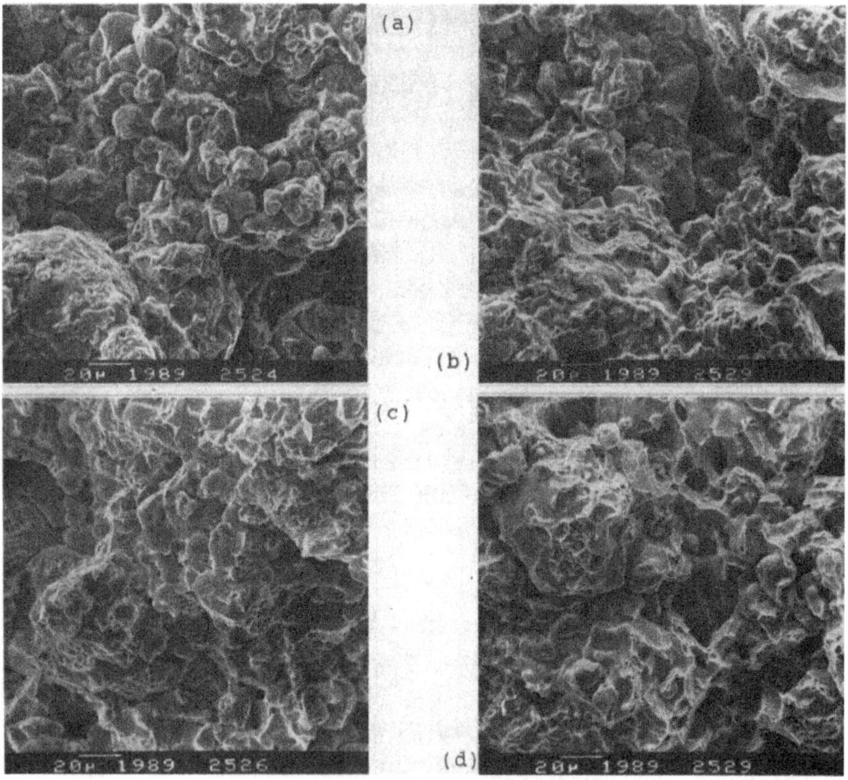


**Bild 58: Einfluß der Versuchsführung auf die Bruchmikrostruktur (a,c) spannungs-, (b,d) dehnungskontrolliert.**

aufreißt und zwei sogenannte "Halblöcher" hinterläßt /50/. Häufig sind die den Vorgang auslösenden Partikel im Wabengrund noch erkennbar. Die gleichmäßige, kaum verzerrte Wabengeometrie belegt, daß hauptsächlich die während der Zug/-Druck-Wechselbeanspruchung wirkenden Normalspannungen für den Restgewaltbruch verantwortlich sind.

### 7.2.2 Fließpreßzustand

Nach der Umformung durch Kalt- bzw. Halbwarmfließpressen liegt ein gegenüber dem gesinterten Ausgangszustand erheblich verdichtetes und verfestigtes Gefüge vor. Erwartungsgemäß zeigten die untersuchten Schwingprobenbruchflächen ähnliche Merkmale, wie sie bei vergleichbar beanspruchten Kompaktwerkstoffen auftreten. Die Ermüdungs- und Restbruchbereiche waren häufig bereits makroskopisch deutlich voneinander zu unterscheiden. Vielfach wiesen die Bruchflächenränder charakteristische Scher- oder Schubspannungslippen auf, die auf einen veränderten Spannungszustand in der Randzone der Schwingproben gegenüber der Kernzone schließen lassen . Die Rißausbreitung während der zyklischen Beanspruchung erfolgte wie im nicht umgeformten Zustand senkrecht zur Beanspruchungsrichtung.

#### 7.2.2.1 Kaltfließpressen

Durch VVFP bei Raumtemperatur werden sowohl die Pulverteilchen (Körner) als auch die verbleibenden Restporen in Preßrichtung stark verzerrt (Abschn. 4.6). Die Morphologie der Bruchoberfläche wird durch gegenüber dem nicht umgeformten Zustand weitaus kleinere Querschnittsflächen durchtrennter Pulverteilchen bestimmt. Die erklärt das feinkörnige Aussehen der Bruchflächen zyklisch beanspruchter, kaltfließgepreßter Proben (Bild 59 ). Die REM-Untersuchung ergibt eine feine, glatte Struktur, deren Auflösung wesentlich höhere Vergrößerungen als bei der Fraktographie im Sinterzustand erfordert. Bild 60 zeigt eine REM-Aufnahme der Bruchfläche eines kaltfließgepreßten Sintermetalles nach Wechselbeanspruchung mit $\sigma_a$ = const. Der Bereich der Ermü-

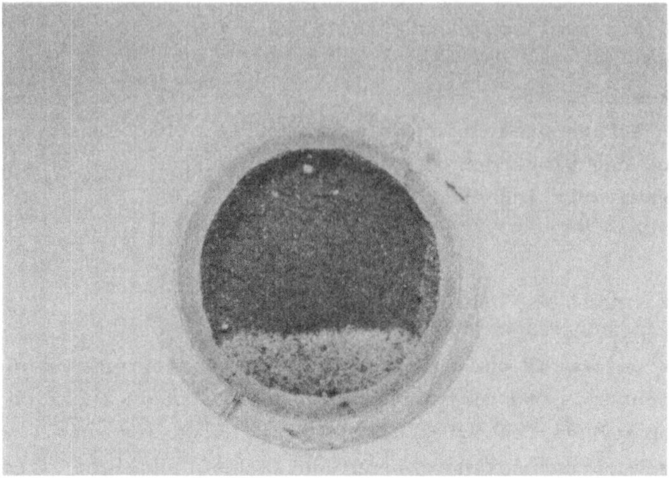

Bild 59: Bruchausbildung bei kaltfließgepreßtem Sintereisen nach Wechselbeanspruchung (spannungskontr. Versuch).

dungsrißausbreitung ist insbesondere in Nähe des Rißausganges durch ausgeprägte wellenartige Strukturen charakterisiert, die sich über mehrere Körner erstrecken. Sie verlaufen in der Regel senkrecht zur Rißausbreitungsrichtung in der Bruchebene, können jedoch aufgrund von lokalen Unstetigkeiten im Gefügeaufbau auch anders orientiert sein.

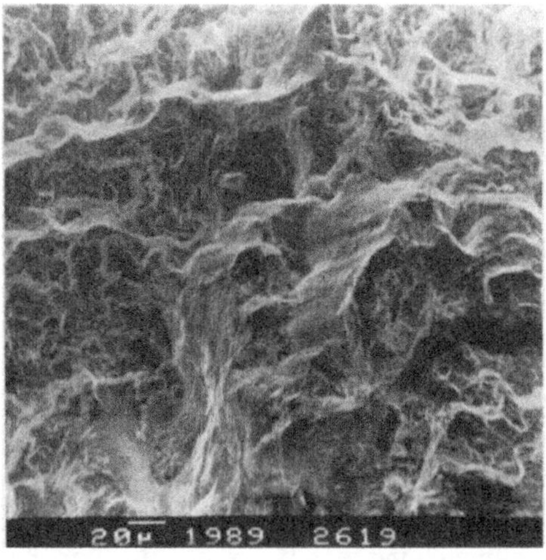


Bild 60: Ermüdungsstrukturen in kaltfließgepreßtem Sintereisen.

Bild 61 zeigt eine Aufnahme eines solchen Bereiches aus der Bruchfläche einer kaltumgeformten, zyklisch beanspruchten Probe aus Sista 25 . Es wird ersichtlich, daß es sich hierbei um "echte" Schwingungsstreifen handelt.

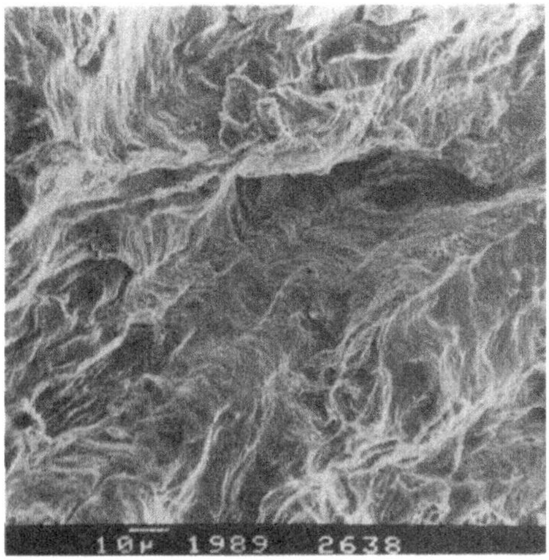


Bild 61: Schwingungsstreifen in kaltfließgepreßtem Sintereisen ($\varphi = 1{,}2$ , spannungskontrollierter Versuch).

Mit zunehmender Entfernung vom Probenrand zeigt die Bruchfläche kaltfließgepreßter Proben Mischbruchcharakter (Bild 62). Die schwingungsstreifenartigen Muster sind vermehrt unterbrochen durch einzelne oder in Gruppen zusammenhängende Waben sowie durch glatte Spaltbruchflächen (transkristalliner Trennbruch)(a). Im Bereich des Restbruches ist die Wabenstruktur stärker ausgeprägt (b). Der Anteil an Scherwaben, die die Wirkung von Schubspannungen erkennen lassen, nimmt zum Probenrand hin zu; dies korreliert mit den dort häufig auftretenden Scherlippen.

Wie im Sinterzustand war auch nach dem Kaltfließpressen ein Einfluß der Versuchsführung auf die Bruchausbildung festzustellen. Die für $\varepsilon_{at}$ = const erhaltenen Bruchflächen zeigten kaum Konturen, während nach einer spannungskontrollierten Wechselverformung Details deutlich zu erkennen waren.

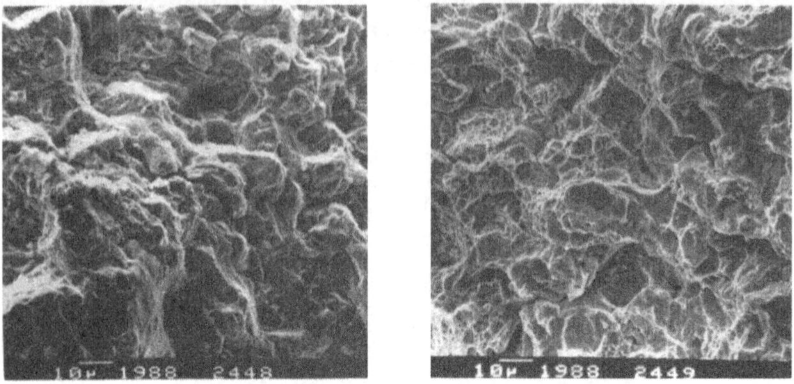


(a) (b)

Bild 62: Bruchflächenmerkmale im kaltfließgepreßten Zustand
(a) Ermüdungsbereich, (b) Restbruchbereich.

### 7.2.2.2 Halbwarmfließpressen

Für die halbwarm umgeformten Versuchswerkstoffe ergibt sich aufgrund der gegenüber dem nicht umgeformten bzw. kaltfließgepreßten Zustand verbesserten Zähigkeit ein vollkommen anderes Brucherscheinungsbild nach zyklischer Beanspruchung.

Makroskopisch sind die Bruchflächen durch mehrere anteilmäßig kleine Ermüdungsbereiche gekennzeichnet, die häufig in zueinander versetzten, parallelen Ebenen senkrecht zur Beanspruchungsrichtung liegen. Der Restbruch erfolgt nicht - wie in den bisher betrachteten Fällen - als Normalspannungsbruch, sondern durch Verbindung dieser Ebenen unter einem Winkel von etwa 45°, d.h. als Schubspannungs- oder Scherbruch. Bedingt durch die Duktilität verläuft dieser Vorgang relativ langsam und erstreckt sich z.B. bei dehnungskontrollierter Versuchsführung über ca. 10 % der Lebensdauer bis zum Bruch. Dabei schnürt die Schwingprobe im Schaftbereich ein. Die Probenoberfläche weist in unmittelbarer Nähe dieser Stelle meist mehrere in Umfangs-

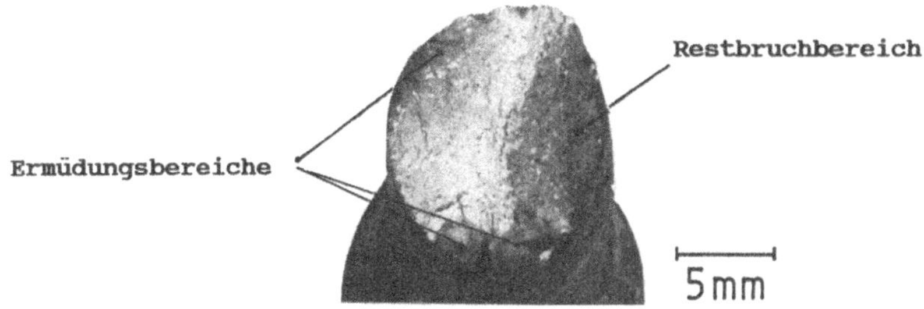


Bild 63: Bruchfläche von halbwarmfließgepreßtem Sintereisen nach Wechselbeanspruchung (spannungskontr. Versuch).

richtung verlaufende Anrisse auf. Dies erklärt das stark zerklüftete Aussehen der Bruchflächen nach vollständiger Trennung (Bild 63).

Bild 64 zeigt eine REM-Aufnahme des Ermüdungsbereiches einer Schwingprobe aus halbwarmfließgepreßtem Sintereisen Sista 25. Nur vereinzelt sind schwingungsstreifenähnliche Strukturen erkennbar, das Erscheinungsbild ist eher unauffällig. Dies kann auf das nach der Umformung bei 700 °C sehr feinkörnige, nahezu vollständig rekristallisierte Gefüge zurückgeführt werden. Es ist weiter anzunehmen, daß aufgrund des ausreichenden plastischen Verformungsvermögens in diesem Zustand Spannungen an der Front des sich ausbreitenden Ermüdungsrisses weitgehend abgebaut werden.

Der Restbruchbereich - makroskopisch als glatte metallisch glänzende Fläche erkennbar - weist bei mikroskopischer Betrachtung eine Vielzahl zusammenhängender Waben unterschiedlicher Größe auf. Diese sind in verschiedene Richtungen verzerrt, d.h. sie zeigen Schubwabencharakter. Die erhöhte Duktilität kommt auch in den stark ausgezogenen Wänden und Stegen zum Ausdruck (Bild 65).

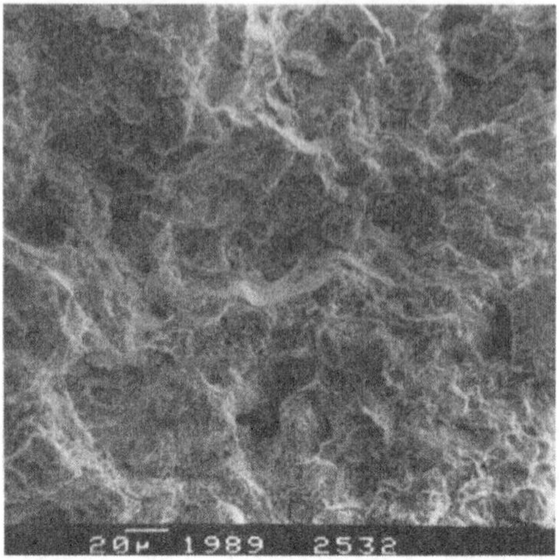


**Bild 64: Ermüdungsstrukturen in halbwarmumgeformten Sintereisen**

**Hinsichtlich der Auswirkung der Versuchsführung auf das Bruchverhalten ist festzustellen, daß die beschriebenen Merkmale bei dehnungskontrollierter gegenüber spannungskontrollierter Wechselbeanspruchung weniger ausgeprägt sind. In Einzelfällen ergab sich bei hoher Totaldehnungsamplitude sogar eine nahezu ebene Bruchfläche ohne Anzeichen für einen Schubspannungsbruch.**

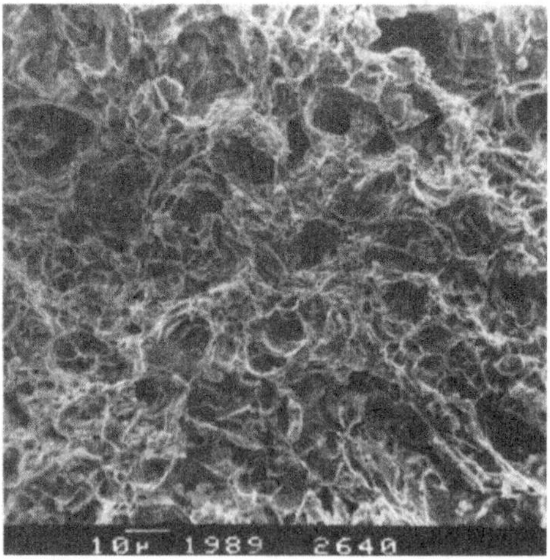


**Bild 65: REM-Aufnahme des Restbruchbereiches (VVFP, 700 °C).**

## 7.3 Ermüdungsrißausbreitung und Restporosität

Die Ergebnisse aus den Schwingversuchen zeigen in Verbindung mit den im Zugversuch ermittelten mechanischen Kennwerten, daß die statischen und dynamischen Eigenschaften der umgeformten Sintermetalle in hohem Maße durch die Dichte bzw. den Restporengehalt bestimmt werden. Somit besteht ein unmittelbarer Zusammenhang zwischen den nach der Umformung verbleibenden Poren und dem Bruchgeschehen bei zyklischer Beanspruchung. Nachfolgend wird der Einfluß der Porosität auf die Entstehung und Ausbreitung von Ermüdungsrissen anhand der Ergebnisse aus fraktographischen und metallographischen Untersuchungen aufgezeigt.

### 7.3.1 Sinterzustand

Im nicht umgeformten Ausgangszustand beträgt der Anteil an Restporen etwa 10 Vol.-%. Die Poren sind regellos orientiert und von unterschiedlicher Form und Größe (Abschn. 4.2). Unter wechselnder Beanspruchung können theoretisch an jeder beliebigen Stelle im Gefüge Mikrorisse entstehen und sich schließlich zu einem Makroriß vereinigen. Zu berücksichtigen ist auch, daß feine, von der CNC-Drehbearbeitung herrührende Riefen an der Oberfläche der Proben ebenso bevorzugte Rißeinleitungsorte darstellen können; jedoch wird die Wirkung von Außenkerben durch die inneren Poren abgeschwächt (vgl. Abschn. 2.2). Aussagen über die Rißentstehung anhand der fraktographischen Untersuchung sind nur bedingt möglich, da die Bruchflächen für diesen Zustand (nicht umgeformt, wechselbelastet) keine exakte Abgrenzung des Ermüdungsbereiches gegenüber dem Restbruchbereich zulassen.

Die Rißausbreitung wird in hohem Maße von der Anordnung und der Geometrie der Poren bestimmt; sie hängt außerdem noch von Art und Höhe der zyklischen Beanspruchung ab. REM-Aufnahmen zeigen, daß bei spannungskontrollierter Versuchsführung die über Werkstoffbrücken verbundenen Pulverteilchen auseinandergerissen werden. Die Partikel selbst weisen dagegen keine Anzeichen einer Gewalteinwirkung auf. Der Riß breitet sich demnach vorwiegend über die Poren des Sinterwerkstoffes aus. Dies gilt auch für Versuche mit konstanter Dehnungsamplitude. Der Unterschied gegenüber der anderen Variante besteht darin, daß aufgrund der vorgegebenen maximalen Zugdehnung die Rißöffnungsphase mitkontrolliert und damit die Gefahr eines instabilen, beschleunigten Rißwachstums verringert wird. Dies wird durch entsprechende REM-Aufnahmen belegt, die deutliche Spuren der zyklischen Beanspruchung im Gefüge erkennen lassen (vgl. Abschn. 7.2.1).

### 7.3.2 Fließpreßzustand

Durch Umformung wird die Ausgangsporosität je nach Werkstoff auf etwa 1 bis 3 Vol.-% reduziert. Durch die beim Umformvorgang wirkenden Spannungen /4/ wird ein Großteil der Poren zugedrückt, und die Porenränder verschweißen miteinander. Die noch verbleibenden Poren sind in Richtung des Werkstoffflusses gestreckt (vgl. Bild 23); ihre Orientierung wird durch das Anstauchen nicht beeinflußt. Die während der zylischen Beanspruchung in derselben Richtung wirkenden Zug- bzw. Druckspannungen sind daher für die innere Kerbwirkung der Poren im Schaftbereich der Schwingproben von untergeordneter Bedeutung, wenn man eine Überlagerung durch Biegeanteile ausschließt. Daher ist, im Gegensatz zum Sinterzustand, bei den fließgepreßten Werkstücken die Oberflächenbeschaffenheit ein wichtiges Kriterium für das Bruchverhalten unter schwingender Beanspruchung. Dies stimmt mit Aussagen in der Literatur überein /16/. Die Ergebnisse der fraktographischen Untersuchungen zeigen, daß sowohl bei den kaltfließgepreßten als auch bei den halbwarmfließgepreßten Proben der durch Wechselbeanspruchung hervorgerufene Ermüdungsbruch in den meisten Fällen von der Oberfläche bzw. Randschicht ausgeht . Aufgrund der niedrigen Rauheit kaltumgeformter Proben kann der Oberflächenzustand allein nicht als rißauslösender Faktor angesehen werden. Es ist vielmehr anzunehmen, daß hier die durch Messungen über dem Schaftquerschnitt belegte Zunahme der Härte vom Kernbereich zum Rand hin eine Rißentstehung in oberflächennahen Zonen begünstigt. Die Randschicht ist gegenüber dem Probeninneren stärker verfestigt und daher auch anfälliger gegen Sprödbruch. Dies erklärt auch, weshalb gerade bei den kaltumgeformten Proben in einigen Fällen Brüche am Übergang vom Schaft zum Kopf bzw. im Probenkopf auftraten. Hier kommt die Kerbwirkung im Übergangsradius bzw. an den Kanten der Probenhalterung noch hinzu.

Die in der Literatur aus Ermüdungsuntersuchungen an vergütetem Stahl (34 Cr Mo 4) erhaltenen Hinweise zum Einfluß der Versuchsführung auf die Rißentstehung /57/ wurden für umgeformte Sintermetalle bestätigt . Makroaufnahmen der Bruchflächen von spannungskontrolliert geprüften Schwingproben lassen oft zwei oder mehr Rißinitiierungspunkte am Rand erkennen. Dagegen erfolgt bei dehnungskontrollierter Beanspruchung die Rißeinleitung in der Regel nur an einer Stelle (Bild 66).

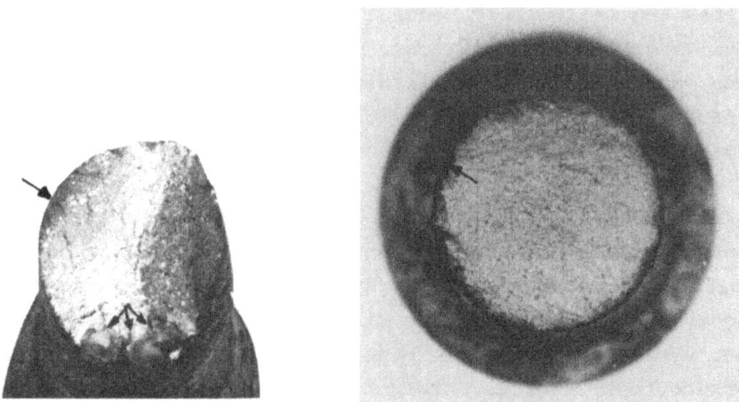

spannungskontrolliert $\sigma_a$ = const | dehnungskontrolliert $\varepsilon_{at}$ = const

Bild 66: Einfluß der Versuchsführung auf den Bruchausgang (Sintereisen, VVFP, $T_R$ = 700°C, $\varphi$ = 1,4).

Ist der Riß einmal vorhanden, so hängt seine weitere Ausbreitung sowohl vom Versuchsmodus als auch von der Wechselwirkung mit den Poren ab. Es ist davon auszugehen, daß Versuche mit $\sigma_a$ = const wie beim Sinterzustand den Rißfortschritt in kaltumgeformten Proben begünstigen. Denkbar wäre auch, daß hier der auf eine Pore treffende Riß seinen Pfad verläßt und interkristallin zwischen den angrenzenden Körnern weiterläuft.

Die Untersuchung der Rißausbreitung in wechselbeanspruchten halbwarmfließgepreßten Werkstücken liefert diesbezüglich genauere Aussagen. Bild 67 zeigt Aufnahmen eines metallographischen Längsschliffes der oberflächennahen Zone in der Umgebung der Schwingprobenbruchfläche. Im Unterschied zum kaltfließgepreßten Zustand ist das Gefüge nahezu vollständig rekristallisiert. Die noch vorhandenen Poren sind aber in Preßrichtung gestreckt und orientiert. Deutlich ist die dadurch dem Riß aufgezwungene Verzweigung zu erkennen (a). Zu einer weiteren Rißverzögerung trägt die Duktilität des Werkstoffes nach einer Halbwarmumformung bei. Spannungen an der Rißspitze können durch plastische Verformung teilweise abgebaut werden. Dies kommt durch die lokal stark verformten Körner und die von der zeiligen Anordnung abweichende Orientierung der Poren gut zum Ausdruck (b). Derartig plastifizierte Bereiche weisen bei rasterelektronenmikroskopischer Betrachtung ausgeprägte Waben auf (c).

Es bleibt festzuhalten, daß bei kalt- bzw. halbwarmumgeformten Sintermetallen der Restporenanteil die Entstehung und Ausbreitung von Ermüdungsrissen bei zyklischer Beanspruchung eher verzögert als begünstigt. Der Einfluß des Umformgrades könnte nur dann von Bedeutung sein, wenn bei ausreichender Duktilität der Werkstoffmatrix große Unterschiede in der erzielten Verdichtung auftreten (z.B. Halbwarmumformung mit sehr hohen Umformgraden). Für die hier untersuchten Umformgrade ist dieser Gesichtspunkt jedoch nicht relevant.

(b)

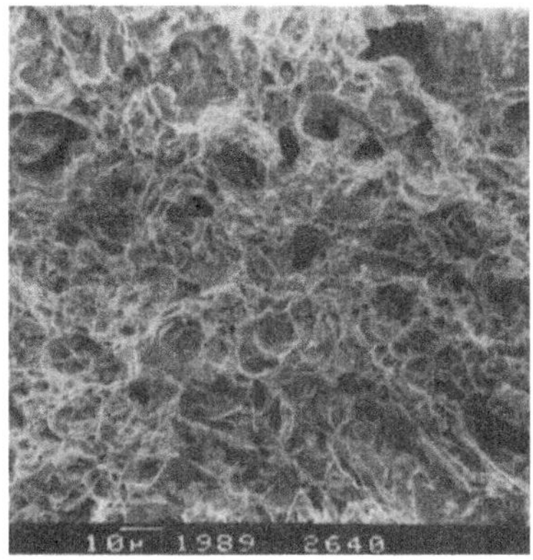


(c)

Sista 25
VVFP
$\varphi=1,4$
$T_R=700°C$

(a)

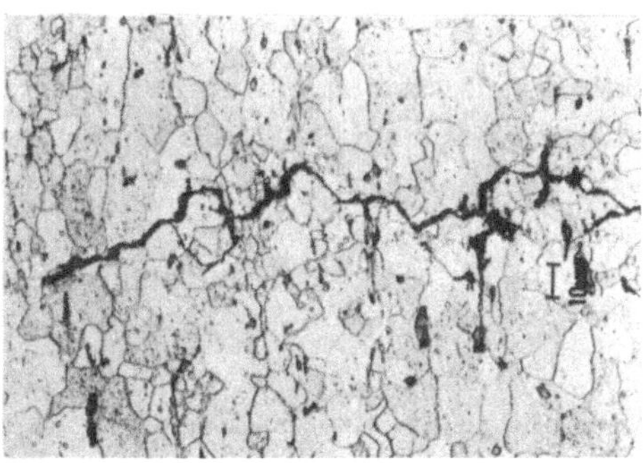

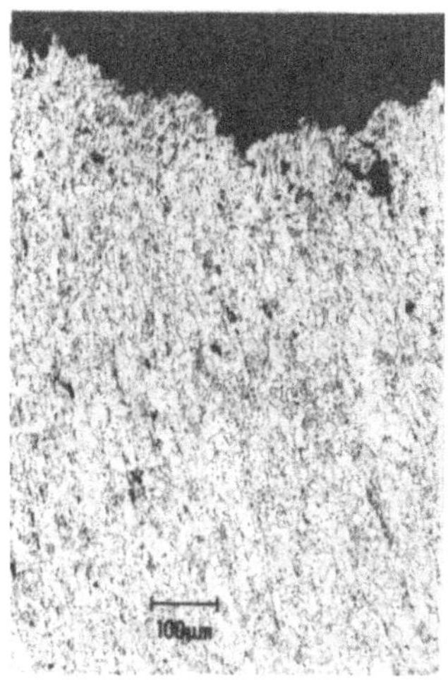


Bild 67: Rißausbreitung in zyklisch beanspruchtem, halbwarmfließgepreßtem Sintereisen. (a) Rißverzweigung durch Poren, (b) Plastische Verformung an der Rißspitze (c) Wabenstruktur.

# 8 VERGLEICH DES WECHSELVERFORMUNGSVERHALTENS VON ERSCHMOLZENEN UND GESINTERTEN STÄHLEN

Aus einer vergleichbaren früheren Ermüdungsuntersuchung, die von Schwab /17/ an schmelzmetallurgisch hergestellten konventionellen Fließpreßstählen durchgeführt wurde, sind Ergebnisse über den Einfluß von Umformparametern auf das Wechselverformungsverhalten bekannt. Eine Gegenüberstellung dieser Resultate mit den in Schwingversuchen an Sintermetallen gewonnenen Ergebnissen ermöglicht Aussagen über den Einfluß des Restporengehaltes auf das Verhalten unter zyklischer Beanspruchung. Die Betrachtung beschränkt sich auf folgende Aspekte:

- Wechselverformungsverhalten im Ausgangszustand
- Einfluß von Vorgangsparametern beim VVFP (Umformgrad, Rohteiltemperatur)
- Einfluß der Beanspruchung (spannungs-/dehnungskontrolliert, Mittelspannung)

## 8.1 Nicht umgeformter Ausgangszustand

Bei dem Vergleich des Ermüdungsverhaltens der nicht umgeformten Werkstoffe ist zu berücksichtigen, daß bei /17/ die im walzharten Zustand gelieferten Fließpreßstähle vor der Umformung weichgeglüht wurden. Demgegenüber entspricht der Ausgangszustand der Sintermetalle auf Fe-Basis dem Zustand nach dem Sinterprozeß.

Bild 68 zeigt die im spannungskontrollierten Zug/Druck-Wechselversuch aufgenommenen Wechselverformungskurven für den konventionellen Stahl Ck 15 im weichgeglühten Ausgangszustand. Das Wechselverformungsverhalten ist abhängig von der gewählten Spannungsamplitude. Für niedrige $\sigma_a$-Werte dominiert quasielastische Verformung, bei mittlerer Beanspruchung stellen sich

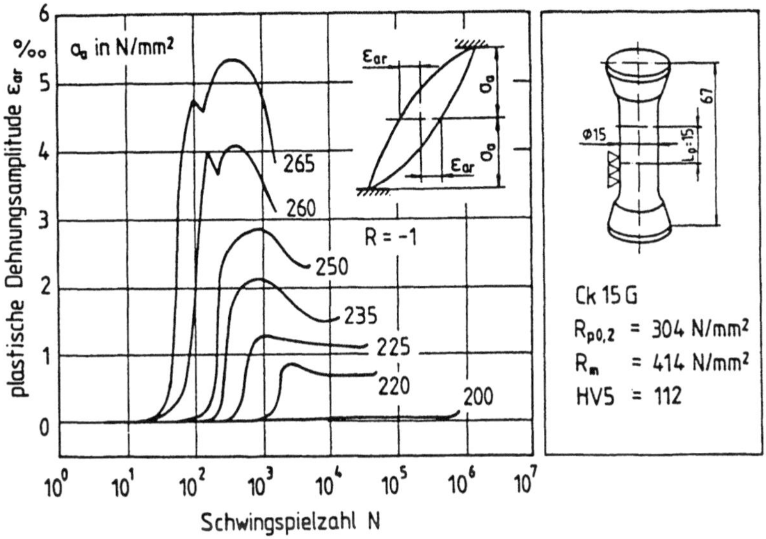


**Bild 68: Wechselverformungsverhalten von weichgeglühtem Ck 15 im spannungskontrollierten Versuch /17/.**

Sättigungsbereiche ein. Hier zeigt sich eine qualitative Übereinstimmung mit den WVK der Sintermetalle. Bei hohen Spannungsamplituden ist das Verhalten des konventionellen Stahles durch Wechselentfestigung gekennzeichnet, die nach Erreichen eines Maximums in zyklische Verfestigung bis zum Bruch übergeht. Demgegenüber läßt die bei den Sinterwerkstoffen mit einer Zunahme der plastischen Dehnungsamplitude einhergehende Bildung von Mikrorissen keine Verfestigung mehr zu (vgl. Kap. 6.1).

## 8.2 Fließpreßzustand

Schwab /17/ konnte zeigen, daß zugdruckbeanspruchte kaltumgeformte Fließpreßstähle entfestigen; dieses Verhalten ist bei niedrigen Umformgraden stark ausgeprägt. Mit steigendem Umformgrad wird die Wechselentfestigung geringer, die WVK verlaufen

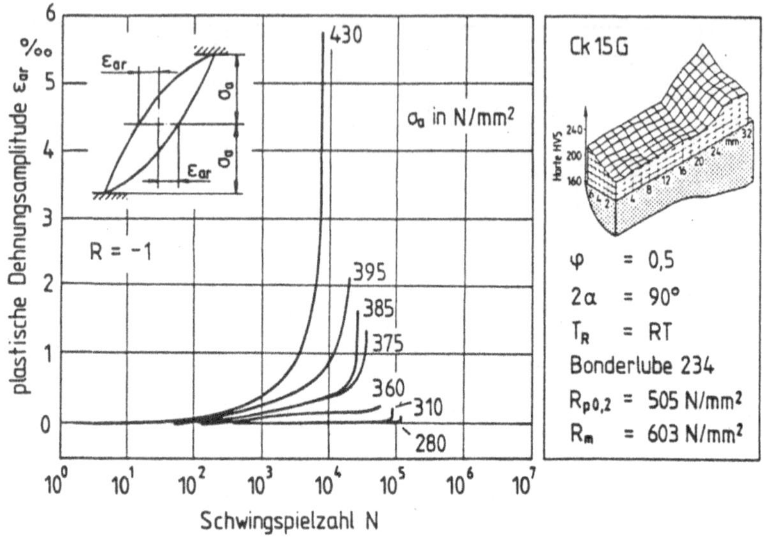


**Bild 69: Wechselverformungsverhalten von kaltumgeformten Fließpreßstählen (spannungskontr. Versuch) /17/.**

bei vergleichbaren Spannungsamplituden flacher (Bild 69). Dagegen wird bei den kaltfließgepreßten Sintermetallen vornehmlich quasi-elastische Verformung bis zum Bruch beobachtet. Merkliche Wechselentfestigung tritt lediglich während der letzten Schwingspiele vor dem Probenbruch auf; dies ist - wie bei konventionellen Stählen - für niedrigere Umformgrade deutlicher zu erkennen. Der Vergleich läßt den Schluß zu, daß die bei den PM-Werkstoffen vorhandenen Poren das Wechselverformungsverhalten in hohem Maße beeinflussen.

Durch VVFP im Temperaturbereich der Halbwarmumformung wird die Duktilität der in /17/ untersuchten Stähle erhöht. Dies äußert sich vor allem bei hohen Spannungsamplituden in einer deutlichen Zunahme der $\varepsilon_{ar}$-Werte (Bild 70 ). Der Vergleich mit den entsprechenden Ergebnissen für das unlegierte Sintereisen zeigt gute Übereinstimmung (vgl. Bild 49). Es ist anzunehmen, daß

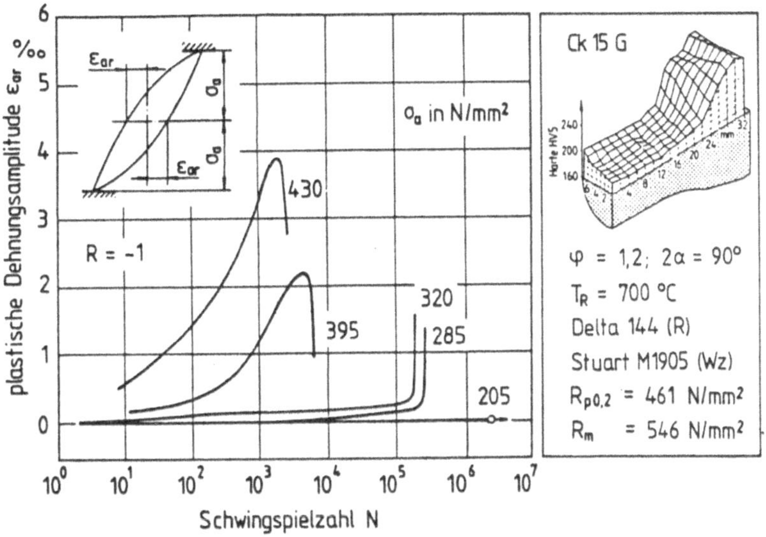


**Bild 70: Wechselverformungsverhalten von halbwarmumgeformten Fließpreßstählen (spannungskontr. Versuch) /17/.**

dies auf die nach der Halbwarmumformung vergleichbaren Werkstoffzustände (gute Zähigkeitseigenschaften, nahezu vollständige Dichte beim Sintereisen) zurückgeführt werden kann.

## 8.3 Einfluß der Beanspruchung

In /17/ wurde exemplarisch der Einfluß der Versuchsführung auf das Wechselverformungsverhalten untersucht. Die für $\sigma_a$ = const erhaltenen Meßwerte stimmen mit den für $\varepsilon_{at}$ = const ermittelten Werten gut überein, d.h. das Ermüdungsverhalten der umgeformten konventionellen Fließpreßstähle wird von der Wahl des kontrollierenden Parameters nicht beeinflußt.

Demgegenüber zeigen die vorliegenden Untersuchungen an Sintereisen bzw. Sinterstählen sehr deutlich, daß der Verlauf der aufgenommenen Wechselverformungskurven in hohem Maße durch den Versuchsmodus (spannungs- oder dehnungskontrolliert) bestimmt wird. Dies gilt sowohl für den nicht umgeformten Ausgangszustand als auch nach der Kalt- und Halbwarmumformung (vgl. Kap. 6). Ursache hierfür sind die auch nach dem VVFP noch vorhandenen Poren. Sie erhöhen die Empfindlichkeit des Werkstoffes gegenüber der Art der zyklischen Beanspruchung. Die Wechselwirkung zwischen der Ermüdungsrißausbreitung und den durch Form, Größe und Orientierung charakterisierten Restporen ist im spannungskontrollerten Versuch stärker als im dehnungskontrollierten (vgl. Abschn. 7.3).

Nach /17/ führt bei konventionellen Fließpreßstählen die Überlagerung der zyklischen Beanspruchung mit einer statischen Zugbeanspruchung zu kumulierenden Mitteldehnungen. Dabei kommt es im Schaftbereich der Schwingproben zu irreversiblen Verlängerungen (zyklisches "Kriechen"). Ein solches Verhalten wurde für die umgeformten Sintermetalle nicht beobachtet. Es ist anzunehmen, daß selbst bei Mittelspannungswerten, die oberhalb der hier untersuchten $\sigma_m$-Werte liegen, derartige Phänomene aufgrund der Poren nicht auftreten können (vgl. Abschn. 6.2).

# 9 BEWERTUNG DER VERFAHRENSFOLGE SINTERN - VVFP IM HINBLICK AUF PRAKTISCHE ANWENDUNGEN

Pulvermetallurgische Formgebungsverfahren sind dann wirtschaftlich, wenn über den wettbewerbsbedingten Zwang zu einer energie- und materialsparenden Fertigung hinaus besondere Anforderungen an Werkstoffzusammensetzung und Bauteilfunktion gestellt werden, die auf schmelzmetallurgischem Wege nicht oder nur mit hohem Kostenaufwand realisierbar sind /58/. Die in Kap. 1 angeführten Beispiele zeigen, daß in der industriellen Praxis eine Reihe von Verfahren der Massivumformung Eingang in den pulvermetallurgischen Fertigungsablauf gefunden haben. Hingegen sind nur wenige Anwendungsfälle bekannt, in denen PM-Werkstoffe bei der umformtechnischen Fertigung eingesetzt werden. Hierzu zählt beispielsweise die Herstellung von Ventilschäften durch Warmfließpressen hochlegierter aushärtender PM-Stähle.

Bereits in den Arbeiten von Schacher /4/, Stilz /5/ und Schaub /6/ wurde aufgezeigt, daß das Kalt- bzw. Halbwarmfließpressen pulvermetallurgischer Vorformen nicht nur durchführbar ist, sondern darüberhinaus unter bestimmten Bedingungen zu Werkstücken mit sehr guten statischen und dynamischen Festigkeitseigenschaften führt. Dennoch hat diese Verfahrenskombination bisher keine Anwendung in größerem Maßstab, d. h. in der Serienproduktion gefunden. Die Gründe dafür sind vermutlich vielschichtig und müssen fallbezogen gesondert betrachtet werden.

Häufig sind nicht allein werkstoffspezifische Kriterien maßgebend, sondern auch Forderungen von Seiten des Kunden. Die Herstellung einbaufertiger Komponenten aus hochfesten PM-Werkstoffen stellt heute sintertechnisch kein großes Problem dar; jedoch sind derartige Bauteile aufgrund ihrer mechanischen Eigenschaften kaum kalibrierbar, d.h. eine nachfolgende Umformung durch Fließpressen ist nicht mehr möglich /59/.

Eine grundsätzliche Schwierigkeit bei der Verfahrenskombination Sintern - Fließpressen entsteht durch die unterschiedlichen Einschränkungen bezüglich der erzeugbaren Werkstückgeometrie

/60/. Das VVFP ist als Massivumformverfahren für die Fertigung rotationssymmetrischer Teile mit einem Länge/Durchmesser-Verhältnis größer als 1 geeignet. Demgegenüber ermöglicht die pulvermetallurgische Fertigung die Herstellung von Werkstücken unregelmäßiger Geometrie, z.B. mit asymetrisch angeordneten Funktionsflächen. Preßtechnisch bedingt ist hierbei ein h/d-Verhältnis kleiner als 1 vorzuziehen, nicht möglich sind Hinterschneidungen oder Bohrungen senkrecht zur Preßrichtung /61/.

Unabhängig von der Werkstückgeometrie wird bei Sintermetallen durch Fließpressen eine deutliche Verbesserung der mechanischen Eigenschaften gegenüber dem nicht umgeformten Zustand erzielt. Aus der vorliegenden Untersuchung ergibt sich weiter, daß die Forderung nach hoher Festigkeit bei ausreichender Zähigkeit durch Fließpressen im Halbwarmbereich erfüllbar ist. Darüberhinaus läßt sich dadurch eine Steigerung der Zeit- und Dauerfestigkeit erreichen. Zwar weisen die entsprechenden Wechselverformungskurven auf eine Entfestigung während der schwingenden Beanspruchung hin, diese verläuft jedoch wesentlich langsamer als vergleichbare Vorgänge im gesinterten oder kaltumgeformten Zustand (vgl. Kap. 6). Als Hauptursache hierfür sind die durch VVFP gestreckten, stoffflußorientierten Restporen anzusehen. Sie zwingen einen sich ausbreitenden Riß zur Verzweigung und verzögern damit den Rißfortschritt bzw. den Eintritt des Restgewaltbruches.

Gelingt es, die Umformbedingungen beim Halbwarmfließpressen von Sintermetallen hinsichtlich der Werkstückgeometrie und der werkstoffseitigen Anforderungen zu optimieren, so ist dieses Verfahren als mögliche Alternative zu der aufwendigen Technologie des Pulverschmiedens vorstellbar. Es ist davon auszugehen, daß ein PM-Bauteil ebenso wie Komponenten aus konventionellen Stählen aufgrund seiner Funktion im eingebauten Zustand bei schwingender Beanspruchung überwiegend dehnungskontrolliert belastet wird. Damit sind die entsprechenden Ergebnisse aus den Ermüdungsversuchen an halbwarmumgeformten Sintermetallen näherungsweise in die Praxis übertragbar. Demnach wirkt sich ein Restporengehalt von ca. 0,5 Vol.-% rißverzögernd aus, d.h. die

Lebensdauer bis zum Bruch wird verlängert. Nach /62/ zeigen neuere Untersuchungen an pulvergeschmiedeten Werkstücken, daß die Rißausbreitungsgeschwindigkeit mit abnehmender Porosität zunächst sinkt, jedoch nach Durchlaufen eines Minimums bei weiterer Erhöhung der Werkstoffdichte wieder ansteigt. Hieraus ist zu folgern, daß sich ein bestimmter Anteil an Restporen positiv auf das Ermüdungsverhalten auswirkt. Unter diesem Aspekt sollte nach Absicherung der Erkenntnisse durch erweiterte Untersuchungen die Verfahrenskombination Sintern-Halbwarmfließpressen als praxisrelevante Fertigungstechnologie erneut zur Diskussion gestellt werden.

## Schrifttum


/1/ Lange, K.: Energieeinsparung und Fertigungstechnik. wt-Z. ind. Fertig. 68 (1978), S. 535-537.

/2/ Huppmann, W.J.; Beiss, P.: Pulvermetallurgische Methoden zur Herstellung von Gefügen mit besonderen Eigenschaften. Tagungsband DGM-Symposium, Bad Nauheim 1982.

/3/ Pischel, H.: Pulverschmieden hochbeanspruchter Bauteile für Anwendungen in unterschiedlichen Bereichen der Technik. Werkstatt u. Betrieb 120 (1987) 7, S. 571-576.

/4/ Schacher, H.-D.: Kaltmassivumformung von Sintermetall. Ber. aus d. Inst. f. Umformtechnik, Univ. Stuttgart, Nr. 47. Essen: Girardet Verlag 1978.

/5/ Stilz, M.: Umformverhalten legierter Sintereisen. Ber. aus d. Inst. f. Umformtechnik, Univ. Stuttgart, Nr. 59. Berlin/ Heidelberg/New York: Springer Verlag 1981.

/6/ Schaub, W.: Fließpressen von Sintermetall im Temperaturbereich zwischen 873 K (600 °C) und 1173 K (900 °C). Ber. aus d. Inst. f. Umformtechnik, Univ. Stuttgart, Nr. 63. Berlin/ Heidelberg/New York: Springer Verlag 1982.

/7/ Zapf, G.: Pulvermetallurgie. In: Spur, G.; Stöferle,Th. (Hrsg.): Handbuch der Fertigungstechnik. Bd. 1 , Urformen. München/Wien: Carl Hanser Verlag 1981.

/8/ Huppmann, W.J.: Neuere Entwicklungen auf dem Gebiet der pulvermetallurgischen Fertigung. VDI-Ber. Nr. 428 (1981), S. 27-33.

/9/ Hager, B.: Festigkeit und Ermüdung massiv umgeformter Sintermetalle - ein Überblick. METALL 42 (1988) 4, S. 351-355.

/10/ Rübenach, F.: Sintermetall-Gleitlager. Tribologie und Schmierungstechnik 34 (1987) 5 , S. 280-283.

/11/ Huppmann, W.J.; Weber, M.: Herstellung von pulvergeschmiedeten Präzisionsbauteilen. In: Tagungsunterlagen DGM-Fortbildungsseminar Pulvermetallurgie, Karlsruhe Apr. 1986.

/12/ Schatt, W. (Hrsg.): Pulvermetallurgie, Sinter- und Verbundwerkstoffe. Heidelberg: Hüthig Verlag 1986.

/13/ Esper, F.J.: Eigenschaften von Sinterstählen. In: Lehrgangsunterlagen "Sinterstähle - Kostengünstige metallkeramische Werkstoffe für Bauteile mit Mehrfachfunktion". Technische Akademie Esslingen, 1986.

/14/ DIN V 30 912 Teil 6: Sintermetalle; Sint-Richtlinien; Schwingfestigkeit von Sinterstählen. Hrsg.: Fachverband für Pulvermetallurgie, Hagen. Berlin/Köln: Beuth-Verlag 1986.

/15/ Kloos, K.H.; Kaiser, B.: Beeinflussung der Festigkeitseigenschaften von Bauteilen durch Oberflächen- und Randschichtbehandlungsverfahren. VDI-Berichte 600.1 : "Metallische und nichtmetallische Werkstoffe und ihre Verarbeitungsverfahren im Vergleich". Düsseldorf: VDI-Verlag GmbH 1986.

/16/ Beiss, P.: Dauerfestigkeit von Sinterwerkstoffen. Z. Werkstofftech. 17 (1986), S. 89-98.

/17/ Schwab, W.: Ermüdungsverhalten von massivumgeformten bauteilähnlichen Proben aus Stahl. Ber. aus d. Inst. f. Umformtechnik, Univ. Stuttgart, Nr. 98. Berlin/Heidelberg/New York/London/Paris/Tokyo: Springer Verlag 1989.

/18/ Bertilsson, I.; Karlsson, B.: Cyclic Deformation Behaviour and Low Cycle Fatigue of Sintered Steel. powder metall. int. 20 (1988) 1 , S. 13-18.

/19/ Sinterwerkstoffe - Werkstoffleistungsblätter und Technische Lieferbedingungen. Hrsg. Fachverband für Pulvermetallurgie, Hagen. Berlin/Köln: Beuth-Verlag 1986.

/20/ Unterlagen Vorlesungsreihe "Pulvermetallurgie". Hrsg. Fachverband für Pulvermetallurgie, Hagen 1986.

/21/ DIN V 30 911 Teil 3: Sintermetalle; Sint-Prüfnormen; Prüfung der Sinterdichte, der offenen Porosität und des Tränkstoffgehaltes. Hrsg.: Fachverband für Pulvermetallurgie, Hagen 1986. Berlin/Köln: Beuth-Verlag 1986.

/22/ Werkstoffhandbuch Stahl und Eisen, 4. Auflage. Hrsg.: VDEh. Düsseldorf: Verlag Stahleisen m.b.H. 1965.

/23/ DIN 50 145: Prüfung metallischer Werkstoffe - Zugversuch. Berlin/Köln: Beuth-Verlag 1975.

/24/ ISO 2740: Sintered metal materials (excluding hardmetals) - Tensile test pieces, 1986.

/25/ DIN 50 351: Prüfung metallischer Werkstoffe - Härteprüfung nach Brinell. Berlin/Köln: Beuth-Verlag 1973.

/26/ Pöhlandt, K.: Werkstoffprüfung für die Umformtechnik. Berlin/Heidelberg/New York/Tokyo: Springer Verlag 1986.

/27/ Engel,L.; Klingele, H.: Rasterelektronenmikroskopische Untersuchungen von Metallschäden. Köln: Gerling Institut für Schadensforschung und Schadensverhütung GmbH, 1974.

/28/ Adler, A.; Walter, K.: Berechnung von einfachen und mehrfachen Preßpassungen. Ind.-Anz. 89 (1967), S. 805-809 u. 967-971.

/29/ Lange, K. (Hrsg.): Umformtechnik. Handbuch für Industrie und Wissenschaft. Bd. 2: Massivumformung. Berlin/Heidelberg/New York/London/Tokyo: Springer Verlag 1988.

/30/ DIN 50 125: Prüfung metallischer Werkstoffe - Zugproben. Berlin/Köln: Beuth-Verlag 1975.

/31/ DIN 4768 Blatt 1: Ermittlung der Rauheitsmeßgrößen $R_a$, $R_{zDIN}$, $R_{max}$ mit elektrischen Tastschnittgeräten. Berlin/Köln: Beuth-Verlag 1974.

/32/ DIN 4776: Rauheitsmessung - Entwurf November 1985.

/33/ Bodschwinna, H.; Hock, F.; Schneider, U.: Abschlußbericht zum BMFT-Forschungsvorhaben Nr. 71/1 "Mikro-EHD". In: Forschungsheft Nr. 230 der Forschungsvereinigung Antriebstechnik e. V.

/34/ Bodschwinna, H.: Roughness Parameters according to DIN 4776 and their Application to P/M-Parts. Powder Met.1986 State of the Art, Vol. 2,S. 799-804.

/35/ Mayr, P.: Grundlagen zum Verhalten bei schwingender Beanspruchung. In: Verhalten von Stahl bei schwingender Beanspruchung. Hrsg.: Dahl, W. Düsseldorf: Verlag Stahleisen m. b. H. 1978, S. 82-99.

/36/ DIN 50 100: Prüfung metallischer Werkstoffe - Dauerschwingversuch. Berlin/Köln: Beuth-Verlag 1960.

/37/ Esper, F.J.; Grubisic,V.: Festigkeitsverhalten von Bauteilen aus Sintermetall. VDI-Z 124 (1982) Nr. 9, S. 327-332.

/38/ Morrow, J.; Tuler, F. R.: Low cycle fatigue evaluation of INCONEL 713 C and WASPALOY. Trans. ASME, Ser. D., J. of Basic Engng. 87 (1965), S. 275-289.

/39/ Mughrabi, H.; Mayr, P.: Neuere Ergebnisse der Ermüdungsforschung mit praktischer Relevanz. In: Tagungsband der DGM-Diskussionstagung "Werkstoffverhalten und Bauteilbemessung", Karlsruhe 1986.

/40/ Dietmann, H.: Werkstofftechnik I/II. Vorlesungsumdruck, Lehrstuhl für Materialprüfung, Werkstoffkunde und Festigkeitslehre, Universität Stuttgart.

/41/ Schott, G. (Hrsg.): Werkstoffermüdung. Leipzig: VEB Deutscher Verlag für Grundstoffindustrie, 1976.

/42/ Sonsino, C. M.: Schwingfestigkeit von verschiedenen Sinterstählen und Bemessungskriterien für gesinterte Bauteile. Fraunhofer-Institut für Betriebsfestigkeit, Ber. Nr. FB-170, Darmstadt, 1984.

/43/ Sinterformteile. Firmenschrift der Fa. Sintermetallwerk Krebsöge GmbH.

/44/ Dubbel, Taschenbuch für den Maschinenbau, 15. Aufl. Hrsg.: Beitz, W. und Küttner, K.-H. . Berlin/Heidelberg/-New York/Tokyo: Springer Verlag 1983.

/45/ Hager, B.: Strength and Fatigue Behaviour of P/M-Steels. Proc. of the XXII AIM Congress, May 1988, Bologna.

/46/ Chen, X.; Eifler, D.; Macherauch, E.: Zum Druckmittelspannungseinfluß auf das Schwingfestigkeitsverhalten des Edelstahls Ck 45. Z. Metallkde. 75 (1984) 5, S. 362-367.

/47/ Broichhausen, J.: Schadenskunde. München, Wien: Carl Hanser Verlag 1985.

/48/ Reik, W.; Mayr, P.; Macherauch, E.: Eine notwendige Änderung der Dauerfestigkeitsschaubilder bei Schwingfestigkeitsuntersuchungen. Arch. Eisenhüttenwes. 52 (1981) 8 , S. 325-328.

/49/ Schütz, W.: Vom Werkstoffkennwert zum Bauteil - Wunsch und Wirklichkeit. In: Tagungsband "Werkstoffprüfung 1988" Deutscher Verband für Materialprüfung e. V., Bad Nauheim 1988.

/50/ Rossmanith, H.-P. (Hrsg.): Grundlagen der Bruchmechanik. Wien - New York: Springer Verlag 1982.

/51/ Müller H.: Exemplarische Schadensfälle. In: Verhalten von Stahl bei schwingender Beanspruchung. Dahl W. (Hrsg.). Düsseldorf: Verlag Stahleisen m. b. H. 1978, S. 195-207.

/52/ Munz, D.; Schwalbe, K.; Mayr, P.: Dauerschwingverhalten metallischer Werkstoffe. Braunschweig: Vieweg Verlag 1971.

/53/ Macherauch, E.; Vöhringer, O.: Das Verhalten metallischer Werkstoffe unter mechanischer Beanspruchung. Z. Werkstofftechnik 9 (1978), S. 370-391.

/54/ Christian, D. J. et al.: Statistical Determination of Sintering Process Parameters Effects on Ferrous Powder High Cycle Fatigue Properties. MPR Apr. 1987, S. 261-270.

/55/ Sonsino, C. M.; Grubisic, V.: Multiaxial Fatigue Behaviour of Sintered Steels under Combined in and out Phase Bending and Torsion. Z. Werkstofftech. 18 (1987) S. 148-157.

/56/ Exner, H. E.; Pohl, D.: Fracture Behaviour of Sintered Iron. Powder met. int. 10 (1978) 4 , S. 193-196.

/57/ Goedecke, Th.; Bergmann, W.: Lebensdaueruntersuchungen an vergütetem 34 CrMo 4 bei spannungs- und gesamtdehnungsgesteuerter Versuchsführung. In. Tagungsband "Werkstoffprüfung 1988", Deutscher Verband für Materialprüfung e. V., Bad Nauheim 1988.

/58/ Arnhold, V.: Moderne Sintertechnik und Bauteilverhalten. Materialprüfung 31 (1989) 4, S. 114-121.

/59/ Arnhold, V.: persönliche Mitteilung.

/60/ Steinbach, E.: Gestaltung und Wirtschaftlichkeit von Sinterteilen. wt-Z. ind. Fertig. 71 (1981) S. 607-611.

/61/ Rosiepen, R.: Richtlinien zum Konstruieren von Sinterformteilen. In: Lehrgangsunterlagen "Sinterstähle - Kostengünstige metallkeramische Werkstoffe für Bauteile mit Mehrfachfunktion". Technische Akademie Esslingen, 1986.

/62/ Esper, F. J.: persönliche Mitteilung, Veröffentlichung demnächst.

# Berichte aus dem Institut für Umformtechnik der Universität Stuttgart

Herausgeber Professor em. Dr.-Ing. Dr. h.c. Kurt Lange

1 **Untersuchung über den Einfluß der Belastungszeit auf die Streuung der Rückfederung von Biegeteilen**
Von Dipl.-Ing. Klaus Tafel. 70 Seiten Text u. 64 Seiten mit 49 Bildern u. 15 Tafeln. Vergriffen

2/3 **Untersuchungen über das freie Napfen**
Von Dipl.-Ing. Gerhard Schmitt und Dipl.-Ing. Dieter Schmoeckel.
**Untersuchungen über den Kraft- und Arbeitsbedarf sowie den Umformwirkungsgrad beim Vorwärts-Vollfließpressen von Stahl**
Von Dipl.-Ing. Dieter Kast. 40 Seiten Text u. 43 Seiten mit 47 Bildern u. 5 Tafeln. 28,— DM

4 **Untersüchungen über die Werkzeuggestaltung beim Vorwärts-Hohlfließpressen von Stahl und Nichteisenmetallen**
Von Dipl.-Ing. Dieter Schmoeckel. 72 Seiten Text u. 117 Seiten mit 179 Bildern. 39,— DM

5 **Untersuchungen über das Stauchen und Zapfenpressen**
Von Dipl.-Ing. Märten Burgdorf. 126 Seiten Text u. 58 Seiten mit 138 Bildern u. 4 Tafeln. 55,— DM

6 **Untersuchungen über die Streuung der Kräfte und Arbeiten beim Fließpressen in der laufenden Fertigung und den Einfluß der Phosphatschichtdicke und des Schmiermittels**
Von Dipl.-Ing. Hans-Dietrich Witte. 38 Seiten Text u. 48 Seiten mit 49 Bildern. 30,— DM

7 **Untersuchungen über das Rückwärts-Napffließpressen von Stahl bei Raumtemperatur**
Von Dipl.-Ing. Gerhard Schmitt. 132 Seiten Text u. 93 Seiten mit 130 Bildern u. 5 Tafeln. 34,— DM

8 **Die Abbildegenauigkeit beim Biegen im 90°-V-Gesenk und ihre Beeinflussung durch Nachdrücken im Gesenk**
Von Dipl.-Ing. Eckart Dannenmann. 50 Seiten Text u. 31 Seiten mit 28 Bildern u. 1 Tafel. Vergriffen

9 **Untersuchungen über den Zusammenhang zwischen Vickershärte und Vergleichsformänderung bei Kaltumformvorgängen**
Von Dipl.-Ing. Hans Wilhelm. 50 Seiten Text u. 35 Seiten mit 37 Bildern u. 2 Tafeln. Vergriffen

10 **Untersuchungen über das Abstreckziehen von zylindrischen Hohlkörpern bei Raumtemperatur**
Von Dipl.-Ing. Rolf K. Busch. 86 Seiten Text u. 92 Seiten mit 97 Bildern. Vergriffen

11 **Vorgänge beim elektromagnetischen und elektrohydraulischen Umformen von metallischen Werkstücken**
Von Dipl.-Ing. Herbert Müller. 90 Seiten Text u. 110 Seiten mit 93 Bildern u. 10 Tafeln. 22,— DM

12 **Ein Verfahren zur näherungsweisen Berechnung des Spannungs- und Formänderungszustandes beim Fließen starrplastischer Werkstoffe**
Von Dipl.-Ing. Gerhard Adler. 124 Seiten Text u. 76 Seiten mit 72 Bildern. Vergriffen

13 **Modellgesetzmäßigkeiten beim Rückwärtsfließpressen geometrisch ähnlicher Näpfe**
Von Dipl.-Ing. Dieter Kast. 101 Seiten Text u. 73 Seiten mit 60 Bildern u. 6 Tafeln. Vergriffen

14 **Untersuchungen über das Genauschneiden von Stahl und Nichteisenmetallen**
Von Dipl.-Ing. Wilfried Kramer. 96 Seiten Text u. 132 Seiten mit 128 Bildern u. 10 Tafeln. Vergriffen

15 **Entwicklung und Erprobung eines Simulators zur reproduzierbaren Nachahmung der Kraft-Weg-Verläufe von Umformvorgängen**
Von Dipl.-Ing. Kurt Schmid. 88 Seiten Text u. 38 Seiten mit 35 Bildern u. 2 Tafeln. 17,— DM

16 **Walzrichten von Metallbändern mit symmetrisch angestellter Fünf-Walzen-Richtmaschine**
Von Dipl.-Ing. Hans-Dietrich Witte. 108 Seiten Text u. 63 Seiten mit 60 Bildern u. 8 Tafeln. 22,— DM

17/18 **Erzeugung räumlicher Blechgebilde mittels Flächenbiegung**
**Konstruktion, Abwicklung und Herstellung von Schraubtorsen aus Blech**
Von Prof. Dr.-Ing. E. h. Dr. techn. h. c. Otto Kienzle.
120 Seiten Text u. 55 Seiten mit 86 Bildern u. 3 Tafeln. 22,— DM

19 **Einfluß der Alterung auf die mechanischen Eigenschaften von Stählen zum Kaltfließpressen**
Von Dipl.-Ing. Vladimir Hasek, CSc. 43 Seiten Text u. 54 Seiten mit 50 Bildern u. 3 Tafeln 16,— DM

20 **Beitrag zur Frage der Spannungen, Formänderungen und Temperaturen beim axialsymmetrischen Strangpressen**
Von Dipl.-Ing. Rolf Dalheimer. 118 Seiten Text u. 76 Seiten mit 79 Bildern u. 3 Tafeln. Vergriffen

21 **Über den Einfluß der Werkzeuggeschwindigkeit auf den Stauchvorgang**
Von Dipl.-Ing. H.-J. Metzler. 127 Seiten Text u. 100 Seiten mit 94 Bildern u. 6 Tafeln. 25,— DM

22 **Numerische Behandlung von Verfahren der Umformtechnik**
Von Dr.-Ing. Elmar Steck. 67 Seiten Text u. 22 Seiten mit 43 Bildern. 16,— DM

23 **Ein Verfahren zur näherungsweisen Berechnung der Wärmeentwicklung und der Temperaturverteilung beim Kaltstauchen von Metallen**
Von Dipl.-Ing. Walther Pohl. 78 Seiten Text u. 51 Seiten mit 61 Bildern u. 4 Tafeln. 21,— DM

24 **Untersuchungen über das Drückwalzen zylindrischer Hohlkörper und Beitrag zur Berechnung der gedrückten Fläche und der Kräfte**
Von Dipl.-Ing. Hans-Jürgen Dreikandt. 161 Seiten Text u. 79 Seiten mit 73 Bildern u. 6 Tafeln. Vergriffen

25 **Über den Formänderungs- und Spannungszustand beim Ziehen von großen unregelmäßigen Blechteilen**
Von Dipl.-Ing. Vladimir Hasek, CSc. 129 Seiten Text u. 106 Seiten mit 109 Bildern u. 9 Tafeln. 35,— DM

26 **Über die Anisotropie des plastischen Verhaltens stranggepreßter Stäbe aus hexagonalen Metallen**
Von Dipl.-Ing. Günther Schröder. 129 Seiten Text u. 75 Seiten mit 97 Bildern u. 2 Tafeln. Vergriffen

27 **Die Messung der mechanischen Kontaktspannung in der Wirkfuge Werkzeug — Werkstück bei Umformverfahren**
Von Dipl.-Ing. Fritz Dohmann. 99 Seiten Text u. 82 Seiten mit 93 Bildern u. 4 Tafeln. Vergriffen

28 **Beitrag zur rechnerunterstützten Auslegung von Pressengestellen**
Von Dipl.-Ing. Manfred Geiger. 94 Seiten u. 56 Seiten mit 63 Bildern. Vergriffen

29 **Untersuchungen über das Aufweittiefziehen**
Von P. S. Raghupathi, M. E. ISBN 3-7736-0780-6.
80 Seiten Text u. 54 Seiten mit 73 Bildern u. 2 Tafeln. 32.– DM

30 **Faltenbildung als Verfahrensgrenze beim Stauchen von Hohlkörpern**
Von Dipl.-Ing. Klaus Dieterle. ISBN 3-7736-0781-4.
55 Seiten Text u. 35 Seiten mit 43 Bildern u. 3 Tafeln. 28.– DM

31 **Beitrag zur Ermittlung von Fließkurven im kontinuierlichen hydraulischen Tiefungsversuch**
Von Dipl.-Ing. Franc Gologranc. ISBN 3-7736-0785-7.
125 Seiten Text u. 58 Seiten mit 95 Bildern u. 6 Tafeln. Vergriffen

32 **Untersuchungen an Strangpreßmatrizen**
Von Dipl.-Ing. Klaus Gieselberg ISBN 3-7736-0786-5.
101 Seiten Text u. 56 Seiten mit 69 Bildern. 45.– DM

33 **Beitrag zur Messung der Strangoberflächentemperatur beim Strangpressen**
Von Dipl.-Ing. Karl-Heinz Friedrich. ISBN 3-7736-0787-3.
83 Seiten Text u. 90 Seiten mit 84 Bildern u. 3 Tafeln. 48.- DM

34 **Über das Umformverhalten von Blechen aus Titan und Titanlegierungen**
Von Dipl.-Ing. Hans Wilhelm. ISBN 3-7736-0788-1.
107 Seiten Text u. 69 Seiten mit 76 Bildern u. 13 Tafeln. Vergriffen

35 **Untersuchung der magnetischen Induktion, Stromdichte und Kraftwirkung bei der Magnetumformung**
Von Dipl.-Ing. Volker Schmidt. ISBN 3-7736-0789-X
60 Seiten Text u. 53 Seiten mit 84 Bildern 21.– DM

36 **Der Stofffluß beim kombinierten Napffließpressen**
Von Dipl.-Ing. Rolf Geiger. ISBN 3-7736-0790-3.
111 Seiten Text u. 74 Seiten mit 80 Bildern u. 6 Tafeln. Vergriffen

37 **Beitrag zum Verhalten superplastischer Werkstoffe beim Massivumformen**
Von Dipl.-Ing. Hans Schelosky. ISBN 3-7736-0791-1.
123 Seiten Text u. 61 Seiten mit 60 Bildern u. 4 Tafeln Vergriffen

38 **Energieumsatz beim elektrohydraulischen Umformen**
Von Dipl.-Ing. Hans-Joachim Weckerle. ISBN 3-7736-0792-X.
103 Seiten Text u. 46 Seiten mit 56 Bildern. 45.– DM

39 **Elastische Wechselwirkungen an Gestell und Hauptgetriebe weggebundener Pressen**
Von Dipl.-Ing. Lutz Schemperg. ISBN 3-7736-0793-8.
91 Seiten Text u. 58 Seiten mit 65 Bildern u. 3 Tafeln. 45.– DM

40 **Über das plastische Verhalten von Sintermetallen bei Raumtemperatur**
Von Dipl.-Ing. Hartmut Honeß ISBN 3-7736-0794-6.
84 Seiten Text u. 54 Seiten mit 67 Bildern u. 2 Tafeln. Vergriffen

41 **Untersuchungen zum Halbwarmfließpressen von Stahl**
Von Dr.-Ing. Rolf Geiger, Dipl.-Ing. Eckart Dannenmann und Dipl.-Ing. Jean Stefanakis.
ISBN 37736-0795-4. 50 Seiten Text u. 33 Seiten mit 34 Bildern u. 2 Tafeln. Vergriffen

42 **Änderung der Werkstoffeigenschaften beim Ziehen von zylindrischen Hohlkörpern aus austenitischen und ferritischen nichtrostenden Stählen**
Von Dipl.-Ing. Rolf Zeller. ISBN 3-7736-0796-2.
80 Seiten Text u. 52 Seiten mit 34 Bildern u. 2 Tafeln. Vergriffen

43 **Untersuchungen über das Fließpressen superplastischer Werkstoffe**
Von Dr.-Ing. Hans Schelosky. ISBN 3-7736-0797-0.
36 Seiten Text u. 24 Seiten mit 26 Bildern u. 1 Tafel. Vergriffen

44 **Umformende Bearbeitung in flexiblen Fertigungssystemen**
Von Dipl.-Ing. Hartmut Kaiser. ISBN 3-7736-0798-9.
87 Seiten Text u. 24 Seiten mit 47 Bildern. 36.– DM

45 **Geometrische Eigenschaften tiefgezogener kreiszylindrischer Näpfe**
Von Dipl.-Ing. Dieter Schlosser. ISBN 3-7736-0799-7.
107 Seiten Text u. 64 Seiten mit 60 Bildern u. 9 Tafeln. 48.-- DM

46 **Die Eigenschaften einer AlZnMgCu-Legierung nach ausgewählten Kombinationen von Wärmebehandlung und Kaltumformung**
Von Dipl.-Ing. Karl Hankele. ISBN 3-7736-0880-2.
86 Seiten Text u. 51 Seiten mit 52 Bildern u. 4 Tafeln. 45.– DM

47 **Kaltmassivumformen von Sintermetall**
Von Dipl.-Ing. Hans Dieter Schacher. ISBN 3-7736-0881-0.
84 Seiten Text u. 44 Seiten mit 47 Bildern u. 5 Tafeln. 42.– DM

48 **Rechnerunterstützte Arbeitsplanerstellung und Kostenrechnung beim Kaltmassivumformen von Stahl**
Von Dipl.-Ing. Peter Noack. ISBN 3-7736-0882-9.
216 Seiten Text u. 116 Seiten mit 134 Bildern u. 23 Tafeln. 65.– DM

49 **Beitrag zur beanspruchungsgerechten Auslegung von rotationssymmetrischen Fließpreßmatrizen**
Von Dipl.-Ing. Gunther Kramer. ISBN 3-7736-0883-7.
94 Seiten Text u. 53 Seiten mit 56 Bildern. Vergriffen

50 **Erzeugung gratfreier Schnittflächen durch Aufteilen des Schneidvorgangs (Konterschneiden)**
Von Dipl.-Ing. Heinz Liebing. ISBN 3-7736-0884-5.
87 Seiten Text u. 51 Seiten mit 55 Bildern u. 4 Tafeln. 46.– DM

51 **Berechnung der elastischen Eigenschaften von Baugruppen im Pressenbau**
Von Dipl.-Ing. Herbert Blum ISBN 3-540-09804-6.
151 Seiten mit 55 Abbildungen. Vergriffen

52 **Untersuchung der Verfahrensgrenzen beim 180°-Biegen von Fein- und Mittelblechen**
Von Dipl.-Phys. Wolfgang Schaub. ISBN 3-540-09881-X.
65 Seiten mit 24 Abbildungen. 38,– DM

53 **Abstreckgleitziehen von nichtrostenden austenitischen Stählen**
Von Dipl.-Ing. Jobst-H. Kerspe. ISBN 3-540-09882-8.
109 Seiten mit 36 Abbildungen. 43,– DM

54 **Fließpressen von Stahl im Temperaturbereich 773 K (500°C) bis 1073 K (800°C)**
Von Dipl.-Ing. Ulrich Diether. ISBN 3-540-09959-X.
165 Seiten mit 80 Abbildungen. 48,– DM

55 **Die numerisch gesteuerte Radial-Umformmaschine und ihr Einsatz im Rahmen einer flexiblen Fertigung**
Von Dipl.-Ing. Peter Metzger. ISBN 3-540-10073-3.
158 Seiten mit 65 Abbildungen. 43,– DM

56 **Möglichkeiten zur Steuerung des Stoffflusses beim Ziehen großer unregelmäßiger Blechteile**
Von Dr.-Ing. Vladimir V. Hasek. ISBN 3-540-10074-1.
193 Seiten mit 96 Abbildungen. 48,– DM

57 **Beitrag zur Arbeitsgenauigkeit des Kaltmassivumformens**
Von Dipl.-Ing. Herbert Leykamm. ISBN 3-540-10363-5.
165 Seiten mit 84 Abbildungen und 5 Tabellen.. 48,– DM

58 **Untersuchungen über das Verjüngen von zylindrischen Vollkörpern**
Von Dipl.-Ing. Helmut Binder. ISBN 3-540-10466-6.
146 Seiten mit 50 Abbildungen und 3 Tabellen. 43,– DM

59 **Umformverhalten legierter Sintereisen**
Von Dipl.-Ing. Manfred Stilz. ISBN 3-540-11051-8.
170 Seiten mit 75 Abbildungen und 5 Tabellen. 48,– DM

60 **Interaktives Programmsystem zur Erstellung von Fertigungsunterlagen für die Kaltmassivumformung**
Von Dipl.-Ing. Michael Rebholz. ISBN 3-540-11052-6.
121 Seiten mit 46 Abbildungen. 43,– DM

61 **Beitrag zum Ziehen von Blechteilen aus Aluminiumlegierungen**
Von Dipl.-Ing. Michael Blaich. ISBN 3-540-11067-4.
141 Seiten mit 64 Abbildungen und 5 Tabellen. 43,– DM

62 **Auslegung von rotationssymmetrischen Fließpreßwerkzeugen im Bereich elastisch-plastischen Werkstoffverhaltens**
Von Dipl.-Ing. Thomas Neitzert. ISBN 3-540-11623-0.
159 Seiten mit 51 Abbildungen. 53,– DM

63 **Fließpressen von Sintermetall im Temperaturbereich zwischen 873 K (600°C) und 1173 K (900°C)**
Von Dipl.-Ing. Wolfgang Schaub. ISBN 3-540-11678-8.
160 Seiten mit 85 Abbildungen und 9 Tabellen. 53,– DM

64 **Rechnerunterstützte Konstruktion von Umformwerkzeugen und die Fertigungsplanung von Werkzeugelementen**
Von Dipl.-Ing. Dieter Steuss. ISBN 3-540-11856-X.
178 Seiten mit 87 Abbildungen und 6 Tabellen. 53,– DM

65 **Möglichkeiten und Grenzen des Kaltgesenkschmiedens als eine fertigungstechnische Alternative für kleine, genaue Formteile**
Von Dipl.-Ing. Khang Hoang-Vu. ISBN 3-540-11876-4.
156 Seiten mit 62 Abbildungen und 5 Tabellen. 53,– DM

66 **Einsatz numerischer Näherungsverfahren bei der Berechnung von Verfahren der Kaltmassivumformung.**
Von Dipl.-Ing. Karl Roll. ISBN 3-540-11910-8.
166 Seiten mit 49 Abbildungen und 2 Tabellen. 53,– DM

67 **Untersuchung über das Verjüngen von dickwandigen, zylindrischen Hohlkörpern**
Von Dipl.-Ing. Knut Haarscheidt. ISBN 3-540-12229-X.
124 Seiten mit 58 Abbildungen und 6 Tabellen. Vergriffen

68 **Rechnerunterstützte Optimierung des Tiefziehens unregelmäßiger Blechteile**
Von Dipl.-Ing. Hans Glöckl. ISBN 3-540-12522-1.
143 Seiten mit 60 Abbildungen. Vergriffen

69 **Hydrostatisches Fließpressen: Verfahrensparameter und Werkstückeigenschaften**
Von Dipl.-Ing. Jobst H. Kerspe. ISBN 3-540-12537-X.
123 Seiten mit 69 Abbildungen und 5 Tabellen. 58,– DM

70 **Untersuchungen zum Halbwarmfließpressen von Automatenstählen**
Von Dipl.-Ing. Eberhard Nehl. ISBN 3-540-12568-X.
145 Seiten mit 104 Abbildungen. 58,– DM

71 **Entwicklung und Anwendung neuer Schmierstoffprüfverfahren für die Kaltmassivumformung**
Von Dipl.-Ing. Thomas Gräbener. ISBN 3-540-12836-0.
140 Seiten mit 65 Abbildungen. 58,– DM

72 **Einfluß der Blechoberfläche beim Ziehen von Blechteilen aus Aluminiumlegierungen**
Von Dipl.-Ing. Erhard Mössle. ISBN 3-540-12837-9.
142 Seiten mit 62 Abbildungen und 6 Tabellen. 58,– DM

73 **Werkzeugverschleiß in der Massivumformung**
Von Dipl.-Ing. Matthias Weiergräber. ISBN 3-540-13033-0.
72 Seiten mit 36 Abbildungen und 2 Tabellen. 58,– DM

74 **Grundlagen der Umformtechnik I · Fundamentals of Metal Forming Technique I**
298 Seiten. ISBN 3-540-13039-X. 58,– DM

75 **Grundlagen der Umformtechnik II · Fundamentals of Metal Forming Technique II**
280 Seiten. ISBN 3-540-13040-3. 58,– DM

76 **Herstellung und Versteifungswirkung von geschlossenen Halbrundsicken**
Von Dipl.-Ing. Michael Widmann. ISBN 3-540-13172-8.
150 Seiten mit 63 Abbildungen. 63,– DM

77 **Kostenoptimierter Einsatz der Radialumformmaschine in gemischten, flexiblen Fertigungssystemen**
Von Dipl.-Ing. Michael Dostal. ISBN 3-540-13286-4.
121 Seiten mit 61 Abbildungen. 63,– DM

78 **Rechnerische Ermittlung von Zustandsgrößen beim Radialumformen**
Von Dipl.-Ing. Roland Paukert. ISBN 3-540-13287-2.
131 Seiten mit 57 Abbildungen und 1 Tabelle. 63,– DM

79 **Numerische Steuerung einer flexiblen Bearbeitungseinheit zum Radialumformen**
Von Dipl.-Ing. Helmut Noller. ISBN 3-540-13550-2.
120 Seiten mit 41 Abbildungen und 2 Tabellen. 63,– DM

80 **Vergleichende Betrachtung der Verfahren zur Prüfung der plastischen Eigenschaften metallischer Werkstoffe**
Von Dr.-Ing. Klaus Pöhlandt. ISBN 3-540-13578-2.
178 Seiten mit 43 Abbildungen und 11 Tabellen. 63,– DM

81 **Aufweitung von Fließpreßmatrizen mit überlagerter thermischer und mechanischer Beanspruchung**
Von Dipl.-Ing. Ewald Kling. ISBN 3-540-15755-7.
139 Seiten mit 61 Abbildungen und 1 Tabelle. 63,– DM

82 **Messung des Werkzeugverschleißes bei der Kalt- und Halbwarmumformung mit Radionukliden**
Von Dipl.-Ing. Eberhard Nehl. ISBN 3-540-16497-9.
131 Seiten mit 55 Abbildungen und 11 Tabellen. 68,– DM

83 **Ermittlung von Eigenspannungen in der Kaltmassivumformung**
Von A. Erman Tekkaya. ISBN 3-540-16498-7.
162 Seiten mit 60 Abbildungen und 2 Tabellen. 68,– DM

84 **Korrosionsbeständigkeit tiefgezogener rotationssymmetrischer Werkstücke aus austenitischen Stählen**
Von Dipl.-Ing. Matthias Weiergräber. ISBN 3-540-16560-6.
137 Seiten mit 63 Abbildungen und 4 Tabellen. 68,– DM

85 **Simulation of Metal Forming Processes by the Finite Element Method (SIMOP-I)**
Workshop Stuttgart 1985. ISBN 3-540-16592-4.
316 Seiten mit 147 Abbildungen und 3 Tabellen. 68,– DM

86 **Beanspruchung von Napf-Rückwärts-Fließpreßmatrizen aus Keramik infolge mechanischer Belastung und Temperatureinwirkung**
Von Dipl.-Ing. Winfried Nester. ISBN 3-540-16845-1.
148 Seiten mit 66 Abbildungen und 2 Tabellen. 68,– DM

87 **Einfluß von Oberflächenbeschichtungen auf den Werkzeugverschleiß bei der Massivumformung**
Von Dipl.-Ing. Harald Westheide. ISBN 3-540-16846-X.
146 Seiten mit 84 Abbildungen und 9 Tabellen. 68,– DM

88 **Hydrostatisches Fließpressen von Profilen unter Verwendung von Matrizen mit stetigem Übergang**
Von Dipl.-Ing. Suwandi Sugondo. ISBN 3-540-16847-8.
130 Seiten mit 59 Abbildungen und 7 Tabellen. 68,– DM

89 **Untersuchungen über das kombinierte Quer-Napf-Vorwärts-Fließpressen**
Von Dipl.-Ing. Walter Osen. ISBN 3-540-17349-8.
153 Seiten mit 66 Abbildungen. 68,– DM

90 **Werkstoff und Umformung**
1. Workshop Stuttgart, 1986. ISBN 3-540-17370-6.
224 Seiten. 68,– DM

91 **Beanspruchungsgerechte Auslegung von Fließpreßwerkzeugen mit numerischen Berechnungsmethoden**
Von Dipl.-Ing. Vu The Cuong. ISBN 3-540-17472-9.
169 Seiten mit 80 Abbildungen und 12 Tabellen. 68,– DM

92 **Der Kerbzugversuch als Einfachprüfverfahren für das richtungsabhängige Umformvermögen von Blechwerkstoffen**
Von Dipl.-Phys. Christian Weist. ISBN 3-540-17666-7.
96 Seiten mit 48 Abbildungen und 5 Tabellen. 68,– DM

93 **Querfließpressen eines Flansches oder Bundes an zylindrischen Vollkörpern aus Stahl**
Von Dipl.-Ing. Winfried Schätzle. ISBN 3-540-17929-1.
129 Seiten mit 67 Abbildungen und 3 Tabellen. 68,– DM

94 **Untersuchung des Werkzeugbruches beim Voll-Vorwärts-Fließpressen**
Von Dipl.-Ing. Willi Reiss. ISBN 3-540-18376-0.
159 Seiten mit 69 Abbildungen und 3 Tabellen. 68,– DM

95 **Grundlagen für das Kaltwalzen von Voll- und Hohlkörpern nach dem Grob-Verfahren**
Von Dipl.-Ing. Norbert Kurz. ISBN 3-540-18509-7.
163 Seiten mit 72 Abbildungen und 5 Tabellen. 68,– DM

96 **Rechnergestützte Fertigung von Sonderprofilen auf der Radialumformmaschine**
Von Dipl.-Ing. Andreas Wöhr. ISBN 3-540-19161-5.
141 Seiten mit 80 Abbildungen. 73,– DM

97 **Optimierung der Oberflächenmikrogeometrie von Aluminiumfeinblech für das Karosserieziehen**
Von Dipl.-Ing. Rainer Balbach. ISBN 3-540-50168-1.
161 Seiten mit 86 Abbildungen. 73,– DM

98 **Ermüdungsverhalten von massivumgeformten bauteilähnlichen Proben aus Stahl**
Von Dipl.-Ing. Wolfgang Schwab. ISBN 3-540-50805-8.
142 Seiten mit 81 Abbildungen und 3 Tabellen. 73,– DM

99 **Optimaler Energieeinsatz bei der Fertigung durch Massivumformung**
Von Dipl.-Ing. Thomas Herlan. ISBN 3-540-50876-7.
204 Seiten mit 63 Abbildungen und 3 Tabellen. 73,– DM

100 **Ermittlung der Fließkurven von Feinblechen im ebenen Torsionsversuch**
Von Dipl.-Ing. Michael Bauer. ISBN 3-540-51117-2.
210 Seiten mit 76 Abbildungen und 7 Tabellen. 73,– DM

101 **Numerische Simulation dreidimensionaler Umformvorgänge mit Einbezug des Temperaturverhaltens**
Von Dipl.-Ing. Jürgen Gerhardt. ISBN 3-540-51331-0.
148 Seiten mit 59 Abbildungen und 2 Tabellen. 73,– DM

102 **Interaktives rechnergestütztes System zur Konstruktion von Werkzeugen für die Kalt-Massivumformung**
Von Dipl.-Ing. Frank D. Ilzig. ISBN 3-540-51492-9.
134 Seiten mit 69 Abbildungen. 73,– DM

103 **Werkzeugverformungen beim Strangpressen und ihre Auswirkungen auf die Produktgenauigkeit**
Von Rolf Bulander. ISBN 3-540-51586-0.
165 Seiten mit 66 Abbildungen und 5 Tabellen. 73,– DM

104 **Prüfung des Einflusses von Schmierstoffadditiven auf das Tribosystem bei der Kaltmassivumformung**
Von Dipl.-Ing. Uwe Horlacher. ISBN 3-540-52176-3.
161 Seiten mit 70 Abbildungen und 5 Tabellen. 73,– DM

105 **Rechnerunterstützte Konstruktion von rotationssymmetrischen Schmiedeteilen und Warmfließpreßwerkzeugen**
Von Ekkehard Körner. ISBN 3-540-52635-8.
190 Seiten mit 85 Abbildungen und 7 Faltseiten. 78,– DM

106 **Einflußgrößen auf den Werkzeugbruch beim Voll-Vorwärts-Fließpressen**
Von Arndt Hettig. ISBN 3-540-52816-4.
161 Seiten mit 71 Abbildungen und 7 Tabellen. 78,– DM

107 **Weiterentwicklung des Torsionsversuches in Theorie und Praxis**
Von Andreas Gräber. ISBN 3-540-52817-2.
154 Seiten mit 65 Abbildungen und 4 Tabellen. 78,– DM

108 **Beitrag zur Optimierung der Fertigungsfolge Kaltmassivumformen und Spanen**
Von Hans-Joachim Keller. ISBN 3-540-52883-0.
165 Seiten mit 75 Abbildungen und 5 Tabellen. 78,– DM

109 **Ermittlung der Fließkurven und der Anisotropie-Eigenschaften metallischer Werkstoffe im Rastegaev-Stauchversuch**
Von Thomas Friedrich Oberländer. ISBN 3-540-53154-8.
174 Seiten mit 91 Abbildungen und 9 Tabellen. 78,– DM

110 **Ermüdungsverhalten von Fließpreßteilen aus Sintermetall**
Von Bernd Hager. ISBN 3-540-53585-3.
130 Seiten mit 70 Abbildungen und 3 Tabellen. 78,– DM

Die Bände sind im Erscheinungsjahr und in den folgenden drei Kalenderjahren zu beziehen durch den örtlichen Buchhandel oder durch Lange & Springer, Otto-Suhr-Allee 26-28, 1000 Berlin 10.

GPSR Compliance

*The European Union's (EU) General Product Safety Regulation (GPSR) is a set of rules that requires consumer products to be safe and our obligations to ensure this.*

*If you have any concerns about our products, you can contact us on ProductSafety@springernature.com*

In case Publisher is established outside the EU, the EU authorized representative is:

Springer Nature Customer Service Center GmbH
Europaplatz 3
69115 Heidelberg, Germany

**Batch number: 10682421**

Printed by Printforce, the Netherlands